U1074005

国家重点图书出版规划项目

中国载人航天科普丛书

总主编　王永志　王文宝　袁家军

巡天神舟

——揭秘载人航天器

主编　戚发轫　李颐黎

中国宇航出版社

·北京·

内容提要

本书主要介绍了中国神舟号载人飞船总体与分系统的相关知识，并简要介绍了国外载人航天器技术。

本书力求深入浅出、通俗易懂、图文并茂、语言生动，适合相关专业科技人员、管理人员和具有高中以上文化程度的航天爱好者阅读。

版权所有　侵权必究

图书在版编目（CIP）数据

巡天神舟：揭秘载人航天器／戚发轫，李颐黎主编．--北京：中国宇航出版社，2011.1（2020.10 重印）

（中国载人航天科普丛书／王永志，王文宝，袁家军主编）

ISBN 978-7-80218-443-5

Ⅰ．①巡…　Ⅱ．①戚…　②李…　Ⅲ．①载人航天器—中国—普及读物　Ⅳ．①V476.2-49

中国版本图书馆 CIP 数据核字（2010）第 263279 号

责任编辑　刘亚静　**责任校对**　祝延萍　**设计制作**　03 工舍

出版发行	中国宇航出版社		
社址	北京市阜成路 8 号 (010)68768548	邮编	100830
网址	www.caphbook.com/www.caphbook.com.cn		
经销	新华书店		
发行部	(010)68371900 (010)68768541		(010)88530478(传真) (010)68767294(传真)
零售店	读者服务部 (010)68371105		北京宇航文苑 (010)62529336
承印	天津画中画印刷有限公司		
版次	2011 年 6 月第 1 版		2020 年 10 月第 4 次印刷
规格	787 × 960	开本	1/16
印张	15.75	字数	252 千字
书号	ISBN 978-7-80218-443-5		
定价	45.00 元		

本书如有印装质量问题，可与发行部联系调换

《中国载人航天科普丛书》

编　委　会

总主编　王永志　王文宝　袁家军

委　员　（按姓氏音序排列）

陈善广　邓宁丰　邸乃庸　顾逸东　黄春平

李颐黎　刘树军　潘厚任　戚发轫　钱卫平

王兆耀　吴　斌　徐克俊　赵小津　郑　敏

周凤广　周建平　周雁飞　朱毅麟

编　辑　部

主　任　刘树军

副主任　邓宁丰

成　员　齐　宏　张铁钧　任长卿　艾小军　曹晓勇

《巡天神舟》编委会

主　编　戚发轫　李颐黎

编　委　娄汉文　吴国庭　沈力平　姜　军　满广龙

方国隆　臧家亮　陈祖贵　王九龙　陈晓光

林　斌　李惠康　周　林　郑松辉　肖名鑫

总序

上世纪九十年代初，党中央审时度势、高瞻远瞩，果断作出了实施中国载人航天工程（代号921工程）的重大决策。这一战略工程的建设与发展，至今已走过了十八年的光辉历程，中华民族实现了千年的飞天梦想，在世界航天发展的史册上，铭刻下了中国人民勤劳智慧、自强不息、勇攀科技高峰的辉煌印记，在人类和平利用太空的伟大征程中树立了不朽丰碑。当今世界，伴随高新技术发展的突飞猛进，航天技术发展方兴未艾，我国航天事业正迈上新的历史征程。当此之际，中国载人航天工程办公室组织编著出版这套《丛书》，对历史、现实和未来都是一件颇有意义的事情。

这套《丛书》全面介绍了工程的发展历程、各系统工作原理及相关航天知识。我作为工程的亲历者、见证者和组织者，更深切地体会到：工程意义重大而充满挑战，成就举世瞩目而来之不易。工程实施以来，在党中央、国务院、中央军委的坚强领导和亲切关怀下，在全国各相关方面的大力支持下，广大航天工作者大力协同、锐意进取，成功突破了一大批拥有自主知识产权的载人航天核心关键技术，先后实现了从无人飞行到载人飞行、从一人一天到多人多天、从舱内实验到出舱活动等重大跨越，使我国成为世界上第三个能够独立开展载人航天活动的国家，在载人航天高技术领域占有了重要一席。胡锦涛总书记明确指出，载人航天工程取得的成就，是我国综合国力不断增强、科技水平不断提高的重要体现，对于增强全民族的自信心和自豪感，凝聚全民族的智慧和力量，鼓舞全党全军全国各族人民全面建设小康社会、实现中华民族伟大复兴具有重大而深远的影响。

通览《丛书》，可以更深刻地感到，作为我国航天发展史上规模最大、系统构成最复杂、可靠性安全性要求最高的国家级高科技工程，载人航天工程取得的伟大成就令人自豪，催人奋进。同时，从中可以得出许多重要启示：当今时代，世界综合国力的竞争，集中体现为科技特别是高科技的竞争，关键在于人才的竞争，科技、人才已成为民族振兴的基石和综合国力的核心；社会的进步、国家的发展、民族的强大必须充分发挥科学技术第一生产力的作用，坚持人才为本，瞄准世界高科技发展前沿，着力突破核心关键技术，抢占战略制高点，不断提高自主创新能力，唯有如此，才能把国家安全和发展的命脉牢牢掌握在自己手里；科技落后是最可怕的落后，我国目前仍面临发达国家在高科技领域占优势的巨大压力，必须增强机遇意识、忧患意识和使命意识，敏锐把握世界新科技革命的大势，以战略需求为导向，努力实现科技新跨越、新发展。

《丛书》作为航天高科技普及读物，与一般科普读物相比，有许多突出特点：一是鲜明的系统性和集成性。《丛书》以中国载人航天工程为主线，分别介绍工程总体以及航天员、空间应用、载人飞船、运载火箭、发射场、测控通信、着陆场等各系统，结构清晰、重点突出，各个分卷相互衔接、形成整体。二是广泛的知识性和普及性。《丛书》突出读者感兴趣的知识点，满足社会公众对载人航天科技知识的渴求，语言流畅、深入浅出，图文并茂、通俗易懂。三是高度的科学性和权威性。《丛书》编写人员既有工程总设计师、工程总体的专家，也有工程相关系统的总指挥、总设计师；既有长期工作在航天领域的老专家、老领导，也有奋战在科研一线的技术骨干和管理人员，他们大多亲历和参与了工程的研制建设，是各自领域的权威人士，编写内容概念正确、数据科学准确。

相信这套《丛书》的出版发行，对于宣传我国载人航天工程的伟大成就，大力弘扬载人航天精神，增强民族自信心和创新精神，必将起到重要的促进作用。同时，通过普及航天知识，必将吸引和鼓励更多的青少年热爱科学，积极投身航天事业，使我国高科技发展后继有人、持续跨越，为实现中华民族伟大复兴的宏伟目标，为开创中国特色社会主义事业新局面，作出新的更大贡献。

中央军委委员、总装备部部长
中国载人航天工程总指挥

常萬全

2010年4月16日

前　言

2003年10月，中国航天员杨利伟乘坐神舟5号飞船飞向太空，并安全返回，中华民族的千年飞天梦想变成了现实，向世界展示了中国人民的智慧和力量。之后，我国又实现了神舟6号多人多天飞行和神舟7号航天员的出舱活动。未来将实施空间交会对接等更为复杂和艰巨的载人航天飞行任务。

随着载人航天技术的发展，公众和媒体对载人航天器技术产生了浓厚的兴趣：什么是天地往返运输系统？神舟号飞船返回舱是怎样产生升力的？在建造国际空间站的过程中，航天员进行了哪些出舱活动？神舟号飞船的航天员是如何进行出舱活动的？神舟号飞船出舱航天员是怎样与飞船和地面通信的？怎样实现两个航天器的轨道交会与对接？什么是飞船的制导、导航与控制？为什么神舟号飞船主伞需要1 200平方米那么大……

为了回答公众提出的这些问题，系统地普及载人航天器的科学技术知识，中国载人航天工程办公室组织编写了本书。本书共分17章，由17位作者集体创作完成。具体写作分工是：第一章由戚发轫撰写，第二章、第三章由李颐黎撰写，第四章由娄汉文撰写，第五章由吴国庭撰写，第六章由沈力平撰写，第七章由姜军、满广龙撰写，第八章由方国隆撰写，第九章由臧家亮撰写，第十章由陈祖贵撰写，第十一章由王九龙撰写，第十二章由陈晓光撰写，第十三章由林斌、李惠康撰写，第十四章由周林撰写，第十五章由李颐黎撰写，第十六章由郑松辉撰写，第十七章由肖名鑫撰写；全书由主编戚发轫、李颐黎统稿。

参与本书编写的作者都是中国载人航天工程载人飞船系统的专家，其中有1位院士、12位研究员、4位高级工程师。他们都长期从事飞船总体或分系统的研制工作，并取得了众多科技成果。他们在百忙中想方设法编写好此书，对载人航天器的相关知识进行了准确、生动的介绍，以便于读者阅读。

中国空间技术研究院朱毅麟研究员、徐焕彦研究员和李雨庆高级工程师及中国载人航天工程办公室王立成对全部书稿进行了审阅，并提出了宝贵的修改意见。中国空间技术研究院载人航天总体部金勇副总指挥和石颖等同志，对本书的出版给予了有力的支持。在此一并表示衷心的感谢。

书中如有错误和不妥之处，敬请读者批评指正。

主　编

目录

第一章 载人航天器的发展

1. 航天器的概念 / 2
2. 什么是天地往返运输系统 / 3
3. 天地往返运输系统有哪些用途 / 3
4. 已经发展的三代载人飞船 / 5
5. 联盟号系列飞船为什么经久不衰 / 6
6. 阿波罗号飞船将人类首次送上月球 / 8
7. 航天飞机的发展 / 12
8. 早期的空间站 / 14
9. 和平号空间站 / 15
10. 正在建造的国际空间站 / 16

第二章 空间站的构成与建造

1. 空间站的种类和用途 / 18
2. 什么是空间交会对接技术 / 20
3. 中国正在发展空间交会对接技术 / 21
4. 单模块空间站分几个舱段，它们的用途各是什么 / 22
5. 多模块空间站是怎么在轨组装的 / 22
6. 在排除天空实验室的故障中，航天员进行了哪些出舱活动 / 24
7. 和平号空间站与国际空间站上的出舱活动 / 25
8. 国际空间站有多大，它由哪些部分组成 / 26
9. 国际空间站前三个舱段组成的复合体是怎样建造起来的 / 27

第三章 飞船的总体设计

1. 神舟号飞船的构型 / 30
2. 神舟号飞船轨道舱的布局 / 31
3. 神舟号飞船返回舱的布局 / 32

4. 神舟号飞船推进舱的布局 / 34
5. 神舟号飞船为什么要采用两对可转动的太阳电池阵 / 35
6. 神舟号飞船轨道舱留轨利用 / 36
7. 为什么神舟 6 号飞船返回舱着陆点控制得很准 / 36
8. 神舟号飞船返回舱是怎么产生升力的 / 38
9. 返回舱再入大气层时，航天员为什么要坐在“倒座”上 / 39
10. 载人飞船为什么要设置气闸舱 / 40
11. 航天员出舱活动的主要程序 / 41
12. 神舟 7 号飞船是如何发射、运行和返回的 / 44

第四章 飞船的结构与机构

1. 什么是飞船的结构与机构 / 48
2. 结构与机构分系统的组成 / 48
3. 结构与机构承受哪些载荷 / 51
4. 什么是结构的固有频率，怎样避免飞船与运载火箭发生共振 / 51
5. 着陆缓冲工作原理 / 53
6. 对接装置 / 54

第五章 载人航天器的防热结构

1. 飞船再入大气层的气动热 / 60
2. 克服气动热的途径 / 60
3. 飞船的哪些部位气动热最严重 / 61
4. 载人航天器典型的防热形式 / 62
5. 美国航天飞机是怎样防热的 / 63
6. 防热失效导致哥伦比亚号航天飞机失事 / 66
7. “舍车保帅”——烧蚀防热结构 / 68
8. 神舟号飞船的观察窗是怎样防热与密封的 / 69
9. 神舟号飞船防热结构要作哪些地面试验 / 70

第六章 飞船的环境控制与生命保障

1. 环控生保分系统的功能和组成 / 74
2. 座舱大气总压和氧分压控制 / 76
3. 飞船座舱的通风净化 / 77
4. 飞船座舱怎样实现“排热除湿” / 79
5. 航天员的饮食保障 / 80
6. 航天员的生理废弃物如何处理 / 82
7. 座舱失压时怎样保障航天员的安全 / 83
8. 座舱内如何进行烟火检测及灭火 / 87
9. 气闸舱的调压与供气 / 88
10. 航天员出舱活动的安全防护装备——舱外航天服 / 90

第七章 飞船的热控制

1. 飞船热控制分系统的任务 / 94
2. 热量的传递方式 / 95
3. 空间环境的传热特性 / 97
4. 飞船的热平衡与飞船的热控制方法 / 99
5. 给飞船穿上“保温衣” / 102
6. 给飞船装上“空调” / 104
7. 让怕热设备坐上“冷板凳” / 105
8. 给怕冷设备包上“电热毯” / 107
9. 威力巨大的热管 / 108
10. 热物理方程大显神通 / 109
11. 如何进行飞船热真空试验 / 110

第八章 飞船的电源

1. 飞船里的“发电站” / 114
2. 阿波罗飞船的电源分系统 / 116
3. 神舟号飞船电源分系统有什么特点 / 118
4. 神奇的太阳电池阵 / 120
5. 空间站与飞船的电源分系统有什么不同 / 122
6. 电源分系统在地面怎样作试验 / 123

第九章 飞船的推进分系统

1. 飞船推进分系统的功能 /126
2. 飞船的单组元液体推进子系统 /127
3. 飞船的双组元液体推进子系统 /128
4. 大型金属膜片贮箱 /130
5. 肼分解发动机 /131
6. 双组元液体发动机 /132
7. 神舟号飞船推进分系统发动机的布局 /133
8. 神舟号飞船推力 2.5 千牛发动机的地面试验 /135

第十章 飞船的制导、导航与控制

1. 飞船的制导、导航与控制分系统 /138
2. 制导、导航与控制分系统的任务 /139
3. 制导、导航与控制分系统的工作特点和设计原则 /140
4. 制导、导航与控制分系统的组成 /142
5. 惯性测量装置的工作原理 /143
6. 飞船制导、导航和控制计算机 /144
7. 交会对接敏感器的工作原理 /145
8. 飞船在惯性空间的位置和速度是怎样确定的 /147
9. 捷联式惯性导航系统的工作原理 /147
10. 什么是飞船的全姿态捕获技术 /148
11. 再入过程怎样控制飞船的运动 /149
12. 飞船如何与其他航天器交会对接 /150
13. 航天员手动控制飞船运动 /151

第十一章 飞船的数据管理

1. 数据管理分系统的功能 /154
2. 数据管理分系统的组成与特点 /155
3. 数据管理分系统的中央单元 /157
4. 数据管理分系统的串行数据总线 /160
5. 数据管理分系统的远置单元 /162

6. 神舟号飞船的“黑匣子”/163
7. 怎样保证数据管理分系统的可靠性/164

第十二章 飞船的测控与通信
1. 飞船测控与通信分系统的功能和特点/168
2. S波段统一载波测控与通信系统原理/169
3. 如何实现对飞船状态和航天员健康状况的实时监测/170
4. 如何向飞船发送遥控指令/171
5. 如何获取和传输飞船及航天员的图像/172
6. 如何实现航天员与地面人员间的通话/174
7. 如何向地面报告返回舱着陆前后的准确位置/175
8. 出舱活动航天员如何与飞船和地面进行通信/177

第十三章 飞船的回收着陆
1. 飞船回收着陆分系统的任务/180
2. 飞船回收着陆分系统的工作特点和设计原则/180
3. 飞船回收着陆分系统的组成/181
4. 飞船回收着陆分系统的正常工作程序/184
5. 飞船回收着陆分系统的非正常工作程序/187
6. 为什么主伞伞衣面积需要1 200平方米/188
7. 为什么飞船要采用多级开伞措施/189
8. 降落伞装置是如何打开的/191
9. 为何要设置备份降落伞装置/192
10. 飞船着陆时反推发动机是怎样工作的/192

第十四章 飞船的仪表与照明
1. 仪表子系统的显示功能/196
2. 仪表子系统的手控功能/200
3. 仪表子系统的语音提示/203
4. 飞船的照明/203

第十五章 飞船的应急救生

1. 飞船应急救生的任务和特点 / 206
2. 神舟号飞船为什么没有采用弹射座椅救生方案 / 206
3. 在待发射段及发射段出现致命性故障时怎样救生 / 207
4. 发射台上救生的飞行程序 / 210
5. 发射段抛整流罩后救生的飞行程序 / 211
6. 太阳能电池帆板未展开怎么办 / 213
7. 神舟号飞船什么情况下用弹道式再入返回 / 214
8. 神舟号飞船能提前或推迟返回吗 / 214
9. 神舟号飞船怎样实现在轨自主应急返回 / 215
10. 神舟号飞船在什么情况下需实施航天员手控半自动返回 / 215

第十六章 飞船地面测试与故障模拟

1. 飞船测试的目的及意义 / 218
2. 飞船在哪些阶段要进行地面测试 / 218
3. 飞船测试分为哪几个级别 / 220
4. 神舟号飞船地面综合测试系统的组成 / 221
5. 神舟号飞船地面综合测试系统的特点 / 223
6. 飞船故障模拟系统的组成 / 224
7. 地面故障模拟的原理和方法 / 225
8. 怎样实现飞船的天地测控管理 / 226
9. 飞船故障诊断的基本方法 / 227
10. 地面故障诊断系统的工作过程 / 227

第十七章 飞船的可靠性与航天员的安全性

1. 可靠性与安全性 / 230
2. 怎样度量可靠性与安全性 / 230
3. 影响可靠性的故障模式及预防措施 / 231
4. 影响安全性的危险源及预防措施 / 232
5. 元器件是飞船的细胞 / 233
6. 什么叫故障树 / 234
7. 怎样保证飞船大脑（计算机及其软件）的可靠性与安全性 / 235
8. 航天员的安全性是用技术措施保证的 / 236

第一章

载人航天器的发展

载人航天器包括载人飞船、航天飞机和空间站。载人飞船已发展到了第三代；美国航天飞机有2架相继失事，其余3架也即将退役；空间站经历了单模块、多模块、一体化综合轨道基地的演变过程。

1. 航天器的概念

在地球大气层以外的宇宙空间，基本上按照天体力学的规律运行的各类飞行器称为航天器，又称为空间飞行器。

航天器分为无人航天器和载人航天器（图1－1）。无人航天器按是否环绕地球运行分为人造地球卫星和空间探测器，按用途和飞行方式还可以进一步分类。载人航天器按飞行和工作方式分为载人飞船、空间站和航天飞机。载人飞船包括卫星式载人飞船和登月载人飞船，未来还将有行星和行星际载人飞船。

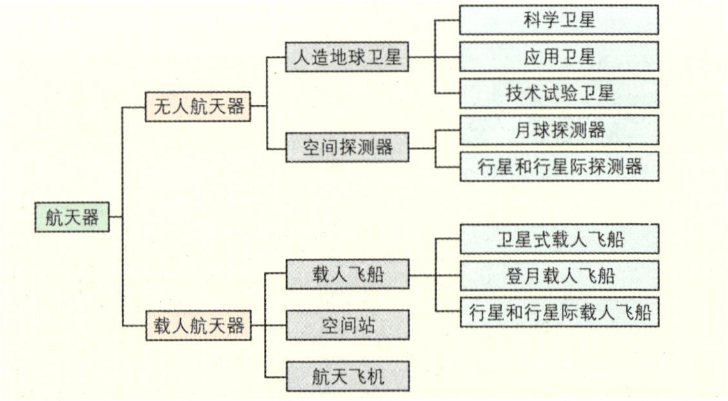

图1–1 航天器的分类

知识链接

“航天”一词的由来

1957年10月4日，苏联发射了世界上第一颗人造地球卫星，称作“人造地球卫星”1号。当时，中国还没有“航天”一词，更没有“航天器”一词。人们把在地球大气层以外空间飞行的各类飞行器称为“空间飞行器”或“宇宙飞行器”，把空间飞行器在太空中的飞行叫做“空间飞行”、“星际航行”或“宇宙航行”。例如：著名科学家钱学森，在1963年出版的一本专著就叫做《星际航行概论》。

20世纪60年代后期，钱学森研究了星际航行的历史现状和未来发展，他认为现阶段人类还只能在太阳系内航行，在太阳系内的航行可以称为“航天”，并可与中国已有的“航海”、“航空”词汇相对应，将来飞出太阳系到其他恒星的航行，可以称为“航宇”。这样，中国就有了“航天”一词。“航天”一词与中国原有词汇“航海”、“航空”相衔接，而且比用“空间飞行”、“宇宙航行”、“星际航行”等简便和准确，所以“航天”及相应的“航天器”、“航天员”、“航天飞机”等术语很快就被中国科学技术界普遍接受。

2. 什么是天地往返运输系统

天地往返运输系统是指往返于地球和空间站之间，向空间站运送人员和物资，把空间站的人员和部分物资带回地面的航天系统。目前使用的是飞船天地往返运输系统和航天飞机天地往返运输系统。

飞船天地往返运输系统是指卫星式飞船与其运载火箭所组成的系统；该系统是往返于地面和空间站之间的、一次性使用的载人及载货飞行器。卫星式飞船分为卫星式载人飞船和卫星式货运飞船。前者是指绕地球轨道运行的小升阻比的载人航天器。它必须用火箭发射，在轨运行后经过制动沿弹道式或半弹道式（升阻比一般小于0.5）轨道穿过大气层，用降落伞和着陆缓冲系统实施软着陆，将航天员和少量物资带回地面。俄罗斯的联盟TMA飞船就是卫星式载人飞船，见图1-2。后者是指绕地球轨道运行的不载人、只载货的航天器。它也必须用火箭发射，向空间站运送物资，在完成任务后再入大气层烧毁，或在再入大气层前分离出一个带有少量有效载荷的回收舱，用降落伞回收。

图1-2 正在组装中的联盟TMA飞船

航天飞机天地往返运输系统是以火箭发动机为动力，具有飞机外形和着陆方式，往返于地球表面和近地轨道之间，可重复使用的载人及载货飞行器。航天飞机的外形如图1-3所示。

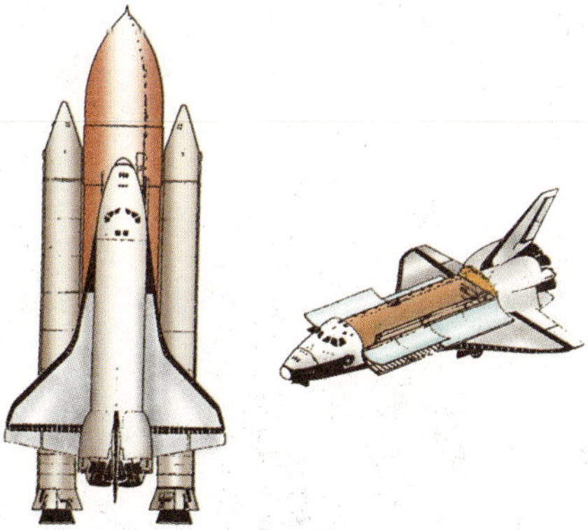

图1-3 航天飞机外形图

> 知识链接
>
> **载人航天器的升阻比**
>
> 载人航天器的升阻比是指再入大气层过程中，某一时刻作用在航天器上的升力和同一时刻作用在航天器上的阻力之比。升阻比越大，航天器调整着陆点及调整最大过载的能力越强。

3. 天地往返运输系统有哪些用途

天地往返运输系统的主要用途是向空间站运送人员和物资（包括食物、水、气体、推进剂、设备和维修器材等），并从空间站向地面运送人员和少量物资（包括有效载荷试验结果）。同时，空间站和航天员生成的废物也需要通过天地往返运输系统带回地面或再入大气层时烧毁。

例如，苏联的和平号空间站核心舱于1986年2月发射成功，1996年4月26日空间站建成，2001年3月23日再入大气层烧毁，在轨运行了15年。在这15年间，共有62艘进步号（含进步M号和进步M1号）货运飞船，向空间站运送了近150吨的物资。还有1艘联盟T飞船和30艘联盟TM飞船运送了79人次的航天员进驻空间站和返回地面。由此可见，天地往返运输系

图1–4 美国航天飞机与俄罗斯和平号空间站对接

统是空间站不可缺少的系统。此外，1995 年 6 月至 1998 年 12 月间，美国航天飞机与俄罗斯和平号空间站交会对接（图 1－4）9 次，运送了 57 人次的航天员。

美国航天飞机与俄罗斯和平号空间站交会对接的目的，除了向和平号空间站运送航天员外，更重要的是考核航天飞机与国际空间站的交会对接技术，这一试验的成功为美国航天飞机成为国际空间站的天地往返运输系统奠定了基础。

图 1－5 神舟 7 号飞船

图 1－6 神舟 5 号返回舱安全着陆，航天英雄杨利伟自主出舱

4. 已经发展的三代载人飞船

从 20 世纪 50 年代起，苏联与美国互相竞争，发展载人飞船，它们的载人飞船分别经历了三代。苏联／俄罗斯载人飞船发展的三代为：第一代是载 1 人的东方号飞船；第二代是载 3 人的上升号飞船；第三代是载 3 人的联盟号、联盟 T、联盟 TM 和联盟 TMA 飞船。苏联的第一代和第二代飞船都是弹道式再入飞船，第三代飞船都是半弹道式再入飞船。

美国载人飞船发展的三代为：第一代是载 1 人的水星号飞船；第二代是载 2 人的双子星座号飞船；第三代是载 3 人的阿波罗号登月飞船。美国的第一代飞船是弹道式再入飞船，第二代和第三代飞船都是半弹道式再入飞船。

苏联、美国和中国载人飞船技术的发展简况如表 1－1 所示。

中国的神舟号飞船（参见图 1－5 和图 1－6）由轨道舱、返

表 1－1　苏联、美国和中国载人飞船技术发展简况

国别	载人飞船名称	发射时间	飞行次数	主要活动
苏联	东方号	1961.4～1963.6	6	考验人在空间的适应能力，编队飞行
	上升号	1964.10～1965.2	2	舱外活动
	联盟号	1967.4～1981.5	40	轨道机动、交会对接、舱外活动
美国	水星号	1961.5～1963.5	6	考验人在空间的适应能力
	双子星座号	1965.3～1966.11	10	轨道机动、交会对接、舱外活动
	阿波罗号	1968.10～1972.12	11	其中 6 次登月，3 次绕月飞行
中国	神舟号	2003.10～2008.9	3	3 次载人飞行，其中第 3 次含舱外活动

知识链接

“弹道式再入”和“半弹道式再入”

所谓“弹道式再入”是指飞船完成在轨任务后，在进入地球大气层的过程中，返回舱只产生阻力、不产生升力或虽有升力但对升力大小和方向均不加以控制地进入地球大气层。

所谓“半弹道式再入”是指航天器返回舱的升阻比（升力与阻力之比）不大于0.5的航天器，以通过滚动控制调整升力方向的方式进入地球大气层。

弹道式再入的航天器的优点是技术比较简单，缺点是返回舱着陆点控制精度差，再入过载大。半弹道式再入航天器的缺点是技术比较复杂，优点是返回舱着陆点控制精度高，再入过载小。

回舱、推进舱和附加段（即“三舱一段”）组成。能乘坐3名航天员，可自主飞行7天，返回舱采用半弹道式再入。载人飞行结束后，其轨道舱继续留轨运行，开展各种空间科学和技术实验，这是中国的首创。神舟号飞船的返回舱尺寸比联盟号飞船大，航天员乘坐更舒适。神舟号飞船的技术水平相当于国际上20世纪90年代的水平，总体性能优于苏联的第三代载人飞船（联盟TM飞船）。

5. 联盟号系列飞船为什么经久不衰

联盟号系列飞船是苏联／俄罗斯研制的联盟号飞船、联盟T飞船、联盟TM飞船和联盟TMA飞船的总称。

从1962年，苏联开始研制联盟号飞船（图1-7）起，到2008年止，苏联／俄罗斯的联盟号飞船已经走过了46年的历程。联盟号飞船研制初期曾经历过多次失败，如1967年4月24日，联盟1号飞船第一次载人飞行回收失败，航天员科马罗夫死亡；1971年6月30日联盟11号飞船返回时，返回舱失压导致3名航天员死亡。在吸取教训和进行技术改进后，从1973年9月至2008年9月，联盟号系列飞船已安全

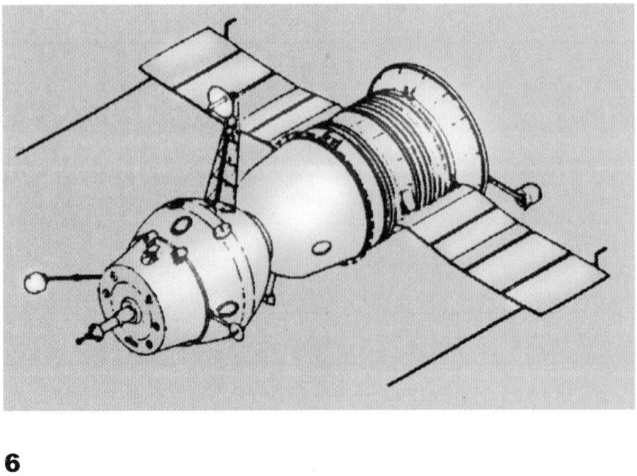

图1-7 联盟号飞船初始型（1967～1981年服役）

飞行了35年，成为当今世界上仍在使用的、最可靠的载人飞船。联盟号系列飞船经久不衰是由于其具有高可靠性，并适合苏联/俄罗斯载人航天发展的需要。

联盟号系列飞船的可靠性高，首先是源自它的设计。例如，联盟号系列飞船采用了主降落伞系统和备份降落伞系统，一旦返回中主降落伞系统工作失效，可以切换到备份降落伞系统工作；又如，联盟号系列飞船设计有发射段救生系统，一旦火箭在发射段出现严重故障，可以由逃逸飞行器将航天员救回地面。1975年4月5日，苏联发射了载有两名航天员的联盟号载人飞船，在发射段抛整流罩后，由于运载火箭控制系统故障导致火箭姿态失稳，火箭发出“应急”指令，实施发射段抛整流罩后当圈返回的应急救生程序，航天员乘返回舱安全着陆。其次是进行了大量成功的改进。例如，联盟11号发生返回舱失压导致3名航天员丧生之后，苏联吸取此次教训，规定在飞船的变轨段和返回段，航天员必须穿舱内航天服；一旦返回舱失压，航天员可以依靠舱内航天服生存几个小时，在此期间，飞船实施应急返回，实现航天员的救生。第三，联盟号飞船进行了大量的可靠性试验（图1-8），使得可行性设计得到了充分的验证。

图1-8 联盟TMA7号载人飞船进行飞行前测试

联盟号系列飞船适应不同时期载人航天的需要。早期的联盟号飞船承担了空间交会对接试验任务。从联盟11号起至联盟T14号止，承担了礼炮号空间站的天地往返运输任务。从联盟T15号起至联盟TM30号止，承担了和平号空间站的天地往返运输任务。联盟TM31号和从联盟TMA2号起的联盟TMA飞船承担了国际空间站的天地往返运输任务。在研制联盟号系列飞船的同时，苏

图1-9 联盟TM飞船（左）与联盟TMA飞船（右）的座舱

联还研制了进步号和进步M号货运飞船，实现了人货分运。

从联盟号到联盟T，再到联盟TM，最后到联盟TMA，联盟号系列飞船每一次改进都提高了飞船的可靠性和适应性。例如，联盟TMA飞船在联盟TM飞船基础上的改进包括：加大坐垫尺寸，增加座椅总长度；为适应不同体重的乘员改进了座椅缓冲装置，为了满足高个子乘员的需要，对飞船的内部结构进行了相应的调整；为了提高乘员的舒适度、可见度和便于操作的要求，对仪表板以及一些硬件的安装位置也进行了调整（参见图1－9）。

6. 阿波罗号飞船将人类首次送上月球

阿波罗工程也称阿波罗计划，是美国于20世纪60年代至70年代初组织实施的载人登月工程。这一工程的目的是实现载人登月并安全返回，以及初步实现人对月球的实地考察。该工程从1961年5月开始，至1972年12月第6次登月成功结束，历时约11年，耗资255亿美元。整个阿波罗工程包括：①确定登月方案；②为登月飞行作准备的4项辅助计划；③研制土星5号运载火箭；④进行试验飞行；⑤研制阿波罗号飞船；⑥实现载人登月飞行。

登月方案主要是论证飞船登月轨道和确定载人飞船总体布局，最终从3种飞行方案中选定月球轨道交会方案，相应地确定了由指挥舱、服务舱和登月舱组成的阿波罗号飞船构形。由指挥舱和服务舱组成的飞船称为指挥－服务舱，如图1－10所示。

阿波罗号飞船登月的飞行程序是经过精心设计的，如图

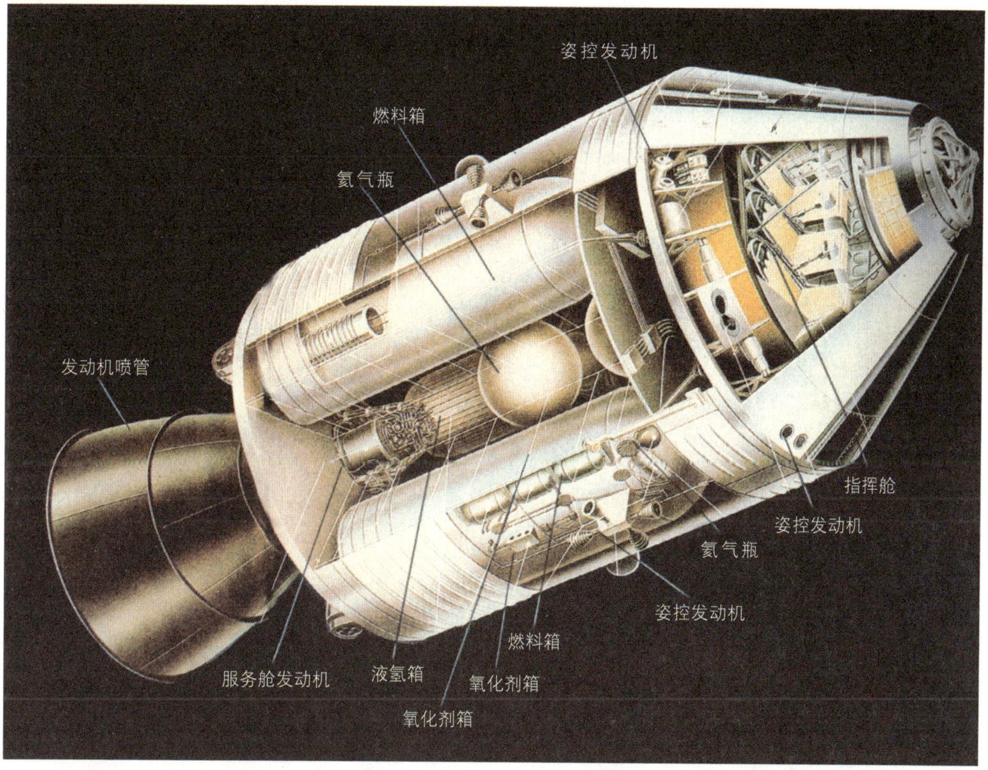

图 1–10 阿波罗号飞船的指挥—服务舱

1–11 所示。

首先，携带着阿波罗号飞船的土星 5 号巨型三级火箭的第一级在发射台上点火，火箭起飞。第一级工作结束后分离，第二级点火工作，火箭加速爬高，当火箭飞出大气层后抛掉逃逸塔。第二级工作结束后分离，第三级点火工作，将飞船送入一个绕地球运行的低轨道后关机。在绕地低轨道上运行几圈后，第三级火箭再次点火，将第三级连同阿波罗号飞船送入奔月轨道。

在飞往月球途中，第三级火箭需再短暂工作几次，以修正飞往月球的轨道。在奔月轨道上，第三级调整姿态，使火箭纵轴与飞行轨道垂直，然后，如花朵开放般地将整流罩打开成四瓣，指挥－服务舱先与第三级火箭及登月舱分离，指挥－服务舱掉头 180°，指挥－服务舱与登月舱对接后，再与第三级火箭分离。

到达月球附近后，阿波罗号飞船调整姿态，使其尾部朝前。然后择机点燃服务舱的火箭发动机，经几次改变轨道，使阿波罗号飞船在距月面高度约110千米的环月停泊轨道上运行。两名航天员进入登月舱，一名航天员仍留在指挥－服务舱。登月舱与指挥－服务舱分离，登月舱利用自身的下降火箭发动机工作，使登月舱缓缓下降，并在月球表面软着陆。

在月球表面着陆后，穿着舱外航天服的两名航天员走出登

图1-11 阿波罗号飞船载人登月和返回程序图

土星5号火箭起飞

逃逸塔分离

指挥－服务舱与第三级火箭及登月舱分离

指挥－服务舱掉头180°

指挥－服务舱与登月舱对接后再与第三级火箭分离

指挥－服务舱与登月舱分离

登月舱降落月面

登月舱上升级飞离月面

登月舱上升级回到环月轨道并与指挥－服务舱对接

指挥舱与服务舱分离，准备再入地球大气层

月舱，进行月面考察和取样工作。月球考察完毕后，两名航天员回到登月舱，登月舱的上升级飞离月面，回到环月轨道上，并与指挥－服务舱实现交会对接，然后两名登月航天员回到指挥－服务舱，登月舱的上升级与指挥－服务舱分离，服务舱上的发动机点火工作，将飞船送到返回轨道。

在返回轨道上，飞船经历几次轨道修正后，在接近地球再入大气层前抛掉服务舱，使指挥舱的圆拱形底朝前，并控制指挥舱的滚动，使指挥舱在配平攻角附近运动。飞船在强大气动力作用下减速，并瞄准溅落区。在进入低空时飞船打开减速伞，抛掉减速伞后打开三顶主降落伞进一步降低速度，最后飞船在预定海域溅落。

知识链接

阿波罗13号飞船历险

1970年4月11日下午2时13分，在一阵巨大的轰鸣声中，阿波罗13号飞船在美国肯尼迪航天中心发射升空。飞船上乘坐了3名航天员：指令长洛弗尔，指挥舱驾驶员斯威格特和登月舱驾驶员海斯；其中洛弗尔和海斯是登月航天员，他们计划在月球上一个名为“玛罗兄弟”的高原着陆，并在那里采集岩石标本，供科学家们分析和了解月球结构。

在进入绕地球运行的轨道后，第三级火箭点火工作，将阿波罗13号飞船送入了奔月轨道，开始了为期3天的奔月之旅。在奔月之旅开始不久，阿波罗13号飞船完成了服务舱、指挥舱、登月舱的重新组合，向着3天后月球上的着陆位置进发。

4月13日晚上9时左右，飞船处于奔月轨道的最后阶段时，3名航天员正准备晚间休息，突然，飞船内爆发出巨大的响声。警报器铃声大作，警报灯闪烁不断。坐在驾驶员位置的斯威格特迅速检查眼前的仪表，发现飞船的电能严重耗损，电压系统读数正在下降，同时耳机里传出主控警报器的声音。航天员马上向地面中心发出紧急呼叫，并很快查出爆炸破坏了指挥舱的两个燃料电池，1号和3号燃料电池同时停止了工作，只剩下一个2号燃料电池还在工作，在这种情况下已不可能完成登月旅程。更糟糕的是，2号液氧箱的压力读数为零，1号液氧箱的压力读数也在下降，马上就没有氧气了。原来，阿波罗13号服务舱的2号液氧箱因过热导致爆炸，毁坏了指挥舱的生命保障系统、导航和电力系统。

阿波罗号飞船服务舱上的液氧有如下用途：一是供给航天员氧气以维持生命；二是液氧箱贮存的氧气与飞船燃料电池的氢气进行化学反应，提供飞船所需的电能。若无适量的氧气，燃料电池将无法工作，也就无法向飞船提供所需的电能。

爆炸发生后25分钟时，阿波罗13号指挥舱内的氧气只能再供应15分钟，3名航天员唯一生还的希望就是躲进登月舱。最后，就在指挥舱中的氧气储量只够用5分钟时，登月舱被激活。美国航空航天局最后决定，把登月舱当作救生艇，让阿波罗13号飞船继续朝月球飞行，利用月球引力绕月球半圈后再使用登月舱的动力实现返回地球的加速。

但是，这种应急飞行方式还需要4天才能返回地面。休斯敦的专家组制定出一系列储存电能的方案以及节氧措施。航天员饮水可以从原计划航天员登月使用的生命保障背包中取用。为了节约能量，航天员不得不从指挥舱转移到登月舱，并在地面管理人员支持下巧妙地解决了飞船内二氧化碳过滤问题。

时间一分一秒地过去，阿波罗13号飞船离月球越来越近了，航天员开始为登月舱所有系统供电，为即将到来的发动机点火作准备。飞船飞到月球背面的时候，阿波罗13号与地面中心失去了联系，这种状况持续了近半个小时。在恢复联系的时候，阿波罗13号飞船已经开始返航了。

登月舱发动机点火的时刻终于来到了。在登月舱里，指令长手动启动登月舱发动机点火。发动机熄火后，阿波罗13号飞船开始奔向返回地球的轨道。与此同时，3位航天员开始想办法降低登月舱的能量消耗，为后面的返航操作储备剩下来的有限能源。时间到了4月14日，他们开始轮流休息，但指挥舱的气温已降到接近10℃，而且越来越冷，怎么也睡不着。休斯敦当地时间上午10时30分，在经过近一个多小时准备之后，登月舱发动机再次点火工作。此次点火工作非常成功，熄火后将阿波罗13号飞船送入预定轨道，再过40小时飞船就可以在太平洋溅落。

4月16日清晨，斯威格特开启了登月舱的电源，开始给指挥舱重返大气层时用的蓄电池充电。充电时间持续了15小时。由于降低登月舱能耗的措施进行得相当成功，为指挥舱蓄电池充满电能提供了保障。

4月17日，飞船进入大气层，航天员将服务舱和登月舱全部抛掉，乘坐指挥舱返回了地球，飞船成功地在太平洋上溅落，3名航天员生还。

在地面工程技术专家的周密计算和策划下，3名航天员以顽强的意志战胜了恐惧、寒冷、黑暗、疲劳等困难，成功地实现了阿波罗13号飞船应急返回地球和航天员应急救生。

7. 航天飞机的发展

航天飞机是以火箭发动机为动力，具有飞机外形和着陆方式，往返于地球表面和近地轨道之间，可重复使用的载人及载货飞行器。美国航天飞机的发射状态如图1－12所示。航天飞机可乘7名航天员，其中3名为机组人员（机长、驾驶员、任务专家），4名为有效载荷专家。航天飞机在轨道上运行时可完成施放卫星、回收与维修卫星、进行各种微重力科学实验等多种任务。航天飞机是建造大型空间站的主要运输与服务工具。航天飞机集中了许多现代科学技术成果，是火箭、航天器和航空器技术的综合产物。

美国哥伦比亚号航天飞机于1981年4月12日首次试飞成

功。至2008年7月止，美国已投入使用的航天飞机有哥伦比亚号、挑战者号、发现号、阿特兰蒂斯号、奋进号五架。其中挑战者号航天飞机于1986年1月28日升空时爆炸，哥伦比亚号航天飞机在2003年2月1日返回大气层过程中解体。美国航空航天局宣布，奋进号、阿特兰蒂斯号、发现号航天飞机将在2010年后退役。

图1–12 美国航天飞机起飞

苏联暴风雪号航天飞机1991年成功进行了无人试飞，其后由于经费短缺等原因计划中止。

美国的航天飞机又称空间运输系统，由轨道器、两枚固体火箭助推器及外贮箱组成。航天飞机的总起飞质量2 040吨，总长度56.14米，水平安放时的总高度23.35米。航天飞机的海平面总推力34 622千牛。轨道器的外形像一架飞机，共装3台液氢液氧火箭发动机，每台推力1 754千牛，轨道器的翼展23.79米，机身长度37.24米，着陆状态高度17.27米，结构质量74.844吨。每枚固体火箭助推器的总质量589.675吨，其中推进剂重502.125吨，空重87.55吨，直径3.7米，总长45.46米，地面推力14 680千牛。外贮箱直径8.4米，长度47米，总重754.537吨，其中推进剂加注量719.112吨，空重35.425吨。美国航天飞机的运载能力为低轨道25吨（轨道倾角28.5°）。美国航天飞机的研制费约为100亿美元（1980年币值），每架轨道器的造价约为29亿美元（1990年币值），每次发射的运行费约为4亿美元（1990年币值）。

在1981年4月至2010年4月间，美国的航天飞机共进行了131次飞行，航天飞机在21世纪初主要承担建造国际空间站的运输任务。

知识链接

哥伦比亚号航天飞机再入大气层时解体

2003年2月1日，美国哥伦比亚号航天飞机在再入大气层过程中解体，7名航天员全部遇难。

2003年5月6日，负责调查美国哥伦比亚号航天飞机解体原因的独立委员会宣布，对各种数据进行综合分析后，各方一致认为，这架航天飞机左翼在起飞时遭到从燃料箱上脱落的泡沫材料撞击，结果造成表面隔热层大面积松动和破损，最终导致哥伦比亚号航天飞机于2003年2月1日在返航途中因超高温空气从松动和破损的隔热层进入而彻底解体。

事实上，哥伦比亚号航天飞机于2003年1月14日起飞后，从燃料箱上脱落下一块保险柜大小的泡沫隔热材料，录像画面显示，在起飞后82秒钟它击中了航天飞机的左翼，在起飞后84秒左翼上传回的遥测数据显示，这里的温度在升高，而在此前发射过程中从未出现过这种现象；综合其他数据分析，专家指出，这时机体表面已经出现了破损。因此，可以说哥伦比亚号航天飞机在升空时就为返航途中发生的灾难埋下了祸根。

哥伦比亚号航天飞机的失事，使美国剩下的3架航天飞机停飞了2年多时间。这期间，美国航空航天局制定了一系列安全措施，如增设发射场的地面光学设备，使得起飞阶段能够从全方位监视是否有脱落物击中航天飞机的轨道器；一旦发现有物体击中航天飞机轨道器，则在航天飞机在轨运行（或停靠在空间站上）时，由航天员出舱对被击中的部位进行检查，情况严重的要由航天员进行修复等。

2005年10月，美国恢复了航天飞机的运营，一名航天员在乘坐美国发现号航天飞机升空后，完成空间飞行任务，并安全地返回到地面。

8. 早期的空间站

载人空间站是在近地轨道上运行的有人居住的设施，其用途可以从小型实验室扩展到具有加工生产、对天对地观测及星际飞行转运等综合功能的大型轨道基地。

与上述空间站的用途相适应，空间站的总体方案经历了单模块空间站、多模块组合空间站、一体化综合轨道基地的演变过程。

早期的空间站都是单模块空间站。如果将载人和载货的往返运输及补给工具除外，只考虑在轨运行的基础设施，单模块空间站是指由火箭一次发射入轨即可运行的空间站。在初期，试验型的空间站都采用了单模块方案，如苏联的礼炮号空间站（图1－13）和美国的天空实验室。

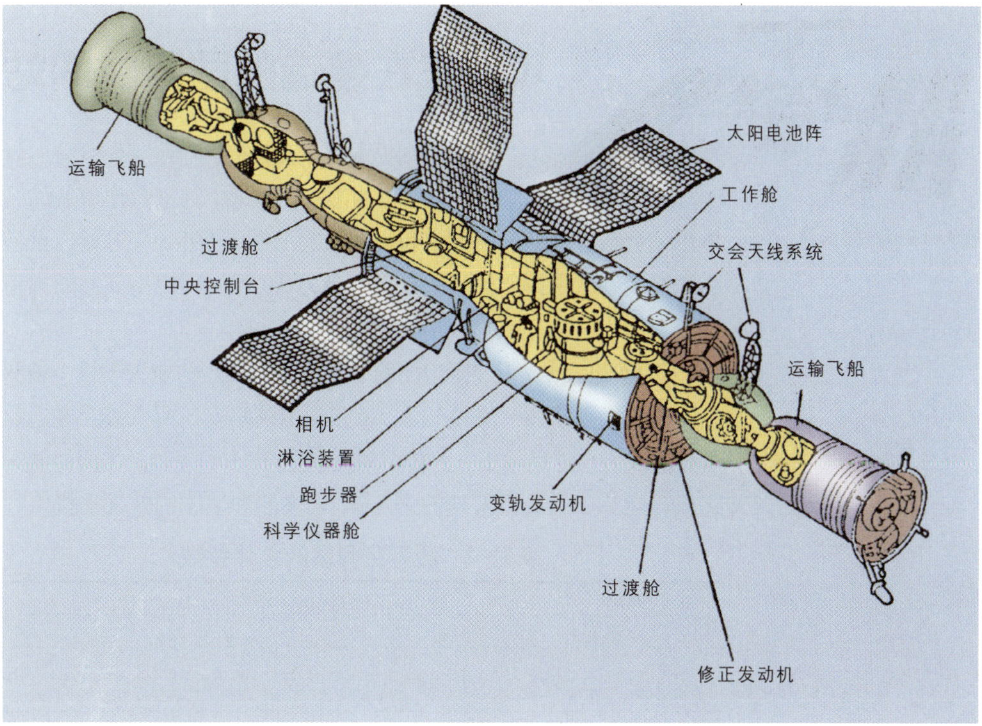

图1–13 礼炮6号空间站

9. 和平号空间站

和平号空间站（图1－14）是多模块组合空间站的典型例子。它由一个核心舱及量子舱、量子2号舱、晶体舱、自然舱、光谱舱等5个有效载荷舱组成。核心舱的前端共有5个对接口，其侧面可以对接4个模块，轴向可对接载人或运货飞船。和平号空间站由联盟TM飞船承担人员往返运送任务，由进步号飞船承担货物运送任务。

1986年2月，苏联用质子号火箭将和平号空间站核心舱发射入轨。其后仍用质子号火箭将5个有效载荷舱先后发射入轨，在轨组装成和平号空间站。和平号空间站在轨工作15年，进行了大量微重力实验、空间科学和航天医学实验，并为建造国际空间站积累了经验。

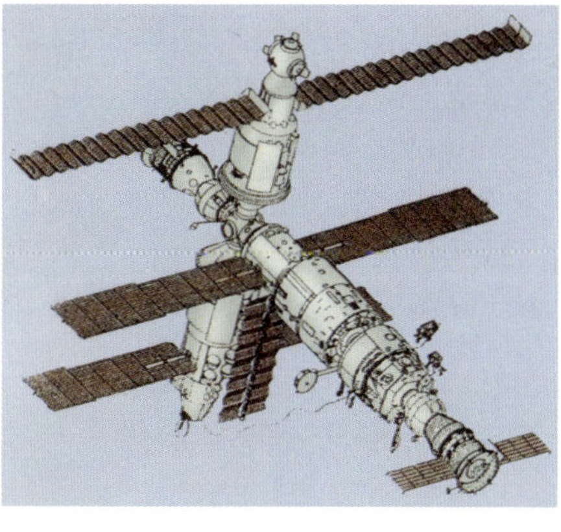

图1－14　和平号空间站（有3个有效载荷舱状态）

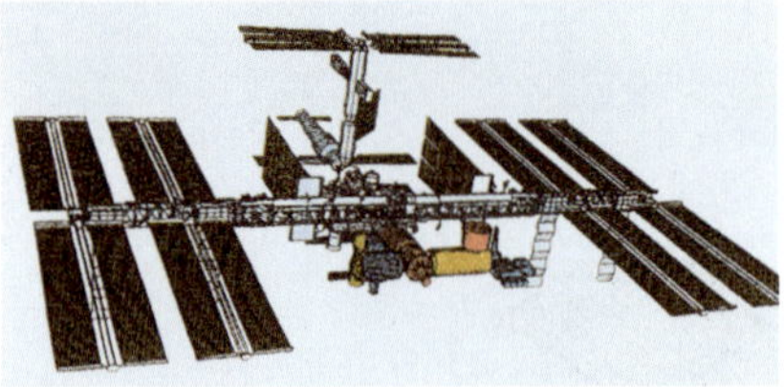

图1-15 国际空间站

10. 正在建造的国际空间站

国际空间站是由美国、俄罗斯、欧空局、日本、加拿大、巴西等6方16个国家合作研制的一体化综合轨道基地。国际空间站的组装工作于1998年开始，目前仍在组装中，国际空间站的设计寿命为30年。国际空间站的构型如图1－15所示，其总体参数如表1－2所示。

国际空间站在组装阶段的发射工具，有美国的航天飞机、俄罗斯的质子号火箭和天顶号火箭、欧空局的阿里安5号火箭；在运营阶段的载人往返运输工具为俄罗斯的联盟TMA飞船及美国的航天飞机，运货工具为俄罗斯的进步M号飞船和美国的航天飞机。

表1－2 国际空间站的总体参数

参数项	参数值
长（翼展）	108米
宽	88米
质量	453吨
运行轨道高度	397千米
轨道倾角	51.6°
舱内大气压力	0.1兆帕（与地球表面相同）
总加压舱容积	1200米^3
电源功率	总功率110千瓦（给用户提供64千瓦）
乘员人数	6人

知识链接

联盟号系列飞船是国际空间站的一种救生手段

联盟TM或联盟TMA飞船将航天员送往国际空间站后就停靠在空间站上，作为国际空间站上的轨道救生艇使用。一旦空间站出现致命性故障，航天员（包括乘坐航天飞机到国际空间站的航天员）可以乘坐联盟号飞船应急返回地面。美籍华裔航天员焦立中2000年10月11日参加了美国航天飞机的第100次飞行，飞往国际空间站，执行空间站建设任务；2004年10月14日，焦立中乘坐俄罗斯的联盟TMA5号飞船飞赴国际空间站，并担任国际空间站第10长期考察组的指令长。2007年5月20日，他参加了在北京召开的第16届“人在太空”国际学术会议，5月21日在新浪聊天室召开的新浪网友见面会上，主持人问焦立中：“在航天飞机上与在空间站相比，是不是后者更舒适、安全一些？”焦立中回答道：“对，比较安全。虽然也有危险，但是在空间站，如果有情况，你可以坐飞船脱离空间站回到地面。”

第二章

空间站的构成与建造

空间站有哪些种类？它们有哪些用途？中国正在发展空间交会对接技术。掌握空间交会对接技术为我国发展具有一定规模的短期有人照料、长期在轨自主飞行的空间实验室（即初期的单模块空间站）创造了前提条件。

1. 空间站的种类和用途

载人空间站(简称空间站)是近地轨道上长期运行的、有人居住的设施，也是载人航天器中的一类。空间站可以分为单模块空间站、多模块组合空间站及一体化综合轨道基地三种。

单模块空间站是指由运载器一次发射入轨即可运行的空间站。在初期，试验型的空间站都是单模块空间站，如苏联的礼炮6 号（图2－1）和美国的天空实验室。

多模块组合空间站是指由运载器将各模块逐个发射入轨，在轨组装成的空间站。如苏联／俄罗斯的和平号空间站（图2－2）就是一个多模块组合空间站，它由1 个核心舱及5 个有效载荷舱（量子舱、量子2 号舱、晶体舱、自然舱、光谱舱）组成。质子号运载火箭每次只能发射1 个舱（即1 个模块）入轨。核心舱的前端共有5 个对接口，其中，侧向对接口对接4 个有效载荷舱。该空间站的轴向可以对接载人飞船或运货飞船，载人飞船将航天员送到空间站或接回地球，运货飞船为空间站提供食物、水、氧气、推进剂等补给。

图2－1 礼炮6 号空间站（最下方是与之对接的飞船）

一体化综合轨道基地又称一体化组合空间站，首先由美国提出设想，后来体现在国际空间站设计方案中。国际空间站（图2－3）由美国、俄罗斯、欧空局、日本、加拿大、巴西等6 方16 个国家合作建造。其建造过程如下：先将曙光号功能能源舱送入轨道，然后将团结号节点1 舱送入轨道，并实现两者组装，再将气闸舱、实验舱、居住舱、大桁架等构件发射入轨并在轨道上装配。全站有统一的姿控系统，有统一的服务设施，集中供电、供气和温度控制，提高了全站效率。

当前空间站的主要用途是：①新材料加工；②进行空间生命科学、人体科学和航天医学研究；③天文观测和对地观测。未来的

图 2－2 和平号空间站（1996 年 5 月 7 日的状态）

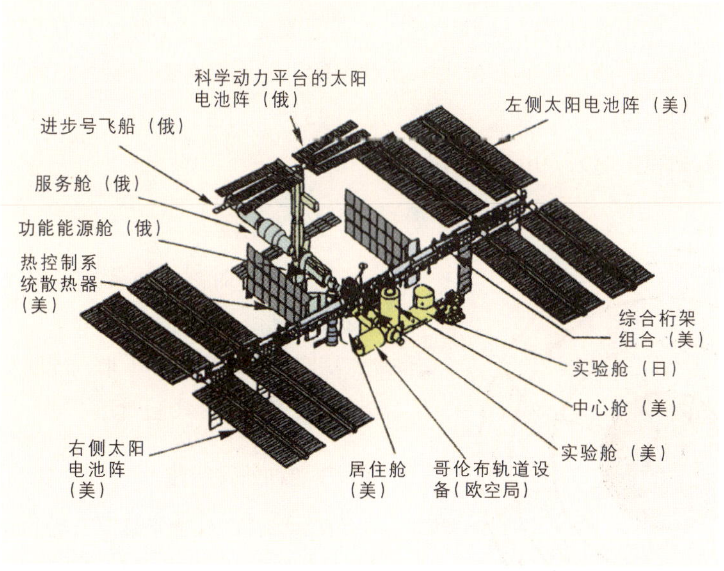

图 2－3 国际空间站

空间站还有可能作为飞往地球同步轨道、月球和其他行星等的航天器的基地。

2. 什么是空间交会对接技术

空间的两个航天器在同一时刻以同样的速度到达同一个地点的轨道控制过程及结果称做轨道交会。在空间将两个航天器对接起来形成一个航天器的事件称做空间对接。所谓空间交会对接是轨道交会和空间对接的总称。

空间交会对接技术包括空间交会对接轨道设计技术、轨道交会控制技术、对接机构设计技术、空间交会对接测控技术等。现以俄罗斯联盟TM飞船与和平号空间站交会对接过程来说明空间交会对接技术的应用情况。

和平号空间站的运行轨道为395千米高度的圆轨道。每半年发射一艘联盟TM飞船与空间站进行交会对接，执行空间站乘员换班任务。交会对接程序如下。

(1) 调整初始相位角阶段

在发射联盟TM飞船前，需要用改变和平号空间站轨道高度的方法，调整初始相位角（指计划的飞船入轨时刻飞船与空间站之间的相位角），使之达到在150°～330°的范围之内（图2-4为初始相位角为300°的情况）。

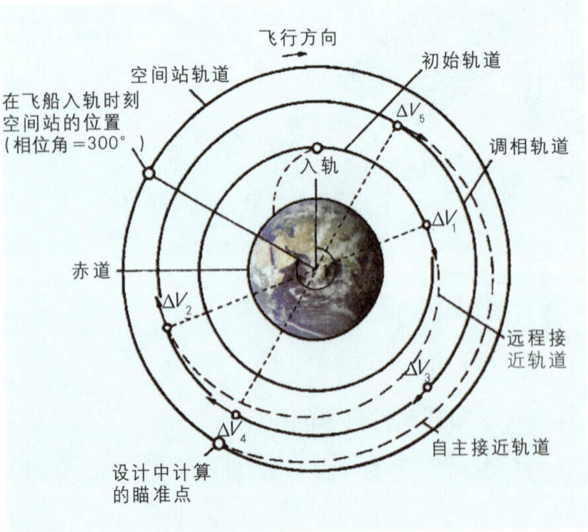

图2-4 联盟TM飞船对和平号空间站的远距离导引段变轨示意图

(2) 飞船发射段

在计划的时刻由运载火箭将飞船发射入轨，飞船的入轨参数是：近地点高度最小值为200千米，远地点高度的最大值为240千米。

(3) 飞船初始飞行段

在此阶段的任务是确定飞船的轨道参数和检查飞船各系统的工作状态。

(4) 远距离导引段

远距离导引段的任务是通过飞

行和变轨，将飞船初始飞行段的轨道参数调整到近距离导引段开始点所需的轨道参数。

在初始相位角为300° 的情况下，飞船使用主发动机进行5次变轨（如图2−4中提供速度增量ΔV_1、ΔV_2、ΔV_3、ΔV_4、ΔV_5之处），达到了满足飞船在空间站近距离导引段的初始要求的轨道参数。这几次变轨安排是：第1组变轨（$\Delta V_1+\Delta V_2$）在第3圈～第4圈，第2组变轨（ΔV_3）在第18圈～第19圈，第3组变轨（$\Delta V_4+\Delta V_5$）在第33圈～第34圈。

（5）近距离导引与对接段

在飞船与空间站相距200千米时，开始测量飞船与空间站的相对距离和速度。在飞船与空间站相距400米时，飞船对空间站绕飞，找到应与空间站对接的对接口。刚开始，飞船按理论轨道飞行；进入到捕获角后，两者互相关照地飞行；当达到相对距离150米左右时，飞船对空间站悬停（悬停就是飞船与空间站的相对距离不变）；然后，飞船以极低的相对速度向空间站逼近；最后与空间站对接、锁紧。

从以上介绍可见，空间交会对接技术是一项较为复杂的技术，它是在多模块空间站建造、运货飞船对空间站进行物资（含设备、推进剂、气体、水和食物等）补给、载人飞船将航天员送往空间站等任务中必须掌握的一项关键技术。

3．中国正在发展空间交会对接技术

中国的飞船在设计时就考虑了空间交会对接功能，以便未来可作为向空间站运送人员和物资的工具。

用于空间交会对接的飞船研制工作目前已取得了很大进展，飞船的关键技术已完成攻关，目标飞行器的关键技术也已完成攻关。

我国将首先发射目标飞行器，随后发射飞船，实现飞船与目标飞行器的轨道交会与对接，初步掌握空间飞行器交会对接技术；随后再发射两艘飞船分别与目标飞行器实现空间交会与对接，进一步验证空间飞行器交会对接技术。掌握空间交会对接技术将为我国发射和运营具有一定规模的、短期有人照料、长期在轨自主飞行的空间实验室（即初期的单模块空间站）创造条件。

4．单模块空间站分几个舱段，它们的用途各是什么

单模块空间站一般由过渡舱、工作舱和推进服务舱三部分组成。下面以苏联礼炮6号空间站为例，来说明各舱段的组成及其功能（参见图1－13）。

（1）过渡舱

礼炮6号空间站前后各有一个过渡舱。前面的过渡舱上有一个对接口，内有科学探测、实验设备；后面的过渡舱上有一个对接口和一个对接通道，航天员可以通过过渡舱转移至飞船或出舱。

礼炮6号空间站的2个对接口，增加了对接的可靠性和航天员的安全性。

（2）工作舱

工作舱是航天员工作、运动、休息和睡眠的场所。工作舱分两段：前段直径较小，内装有中央控制台，航天员可以通过中央控制台监视和控制空间站的工作状态，外部装有三块太阳电池阵；后段装有科学仪器、相机、淋浴装置和跑步器等。工作舱内的小气候保持与地面相同。

（3）推进服务舱

与工作舱末端相连，不密封，装有推进剂贮箱、变轨发动机、微调发动机等。

5．多模块空间站是怎么在轨组装的

以和平号空间站为例，说明多模块空间站是怎么在轨组装的。

1986 年 2 月 20 日，苏联把和平号空间站的核心舱送入近地轨道。核心舱质量 21 吨，最大直径 4.2 米，由过渡舱、生活工作舱、推进服务舱三个舱段组成。过渡舱、生活工作舱和推进服务舱的中间通道是航天员可以到达的区域，合称压力舱，压力舱内充满 1 个大气压的氮氧混合气体，可同时接待 6 名航天员。和平号空间站的核心舱有两个太阳电池阵，最大输出功率 9 千瓦，平均功率 5.5 千瓦。该核心舱的规模与礼炮号空间站相当，但它有 6 个对接口，轴向的 1 个前对接口主要用于对接载人飞船，周向 4 个对接口用于对接各类功能舱。功能舱与核心舱对接时，可以先与轴向的前对接口临时对接，然后，再用安装在核心舱上的机械臂将该功能舱移至另一个预定的周向对接口上。在核心舱轴向的后对接口上，则直接对接一个功能舱（即量子舱）。量子舱后的对接口可对接运货飞船。到 1994 年末，和平号空间站由 4 个模块组合而成（图 2–5）。

在图 2–5 中，从左到右看依次为联盟 TM22 号飞船、和平号核心舱、量子舱和进步 M25 号飞船；从上到下看依次为量子 2 号舱和晶体舱。

1995 年 2 月至 1996 年 3 月，美国航天飞机与和平号空间站作

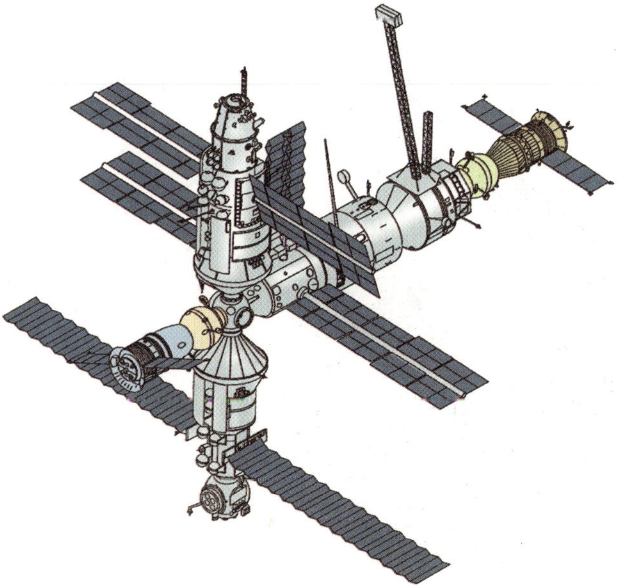

图 2–5 1994 年末的和平号空间站构型

了一次轨道交会试验和两次空间对接试验，为以后与国际空间站的交会对接积累了经验。

1996年4月27日，俄罗斯建成了拥有6个模块（核心舱、量子舱、量子2号舱、晶体舱、自然舱、光谱舱）重达120吨的和平号空间站（图2－2），它是和平号空间站的最终状态。

6．在排除天空实验室的故障中，航天员进行了哪些出舱活动

1973年5月14日，美国名为“天空实验室”的空间站（图2–6）由土星5号运载火箭发射升空。起飞后约65秒，在经历最大动压时，工作舱的外表面涂有防热层的铝质微流星防护罩提前打开，被强大的气流撕毁，轨道舱两侧的太阳电池阵有一个被防护罩刮走，另一个太阳电池阵被防护罩的碎片缠住，致使入轨后无法展开，导致天空实验室入轨后严重缺电。由于失去了防护罩，舱内温度上升至55℃，无法正常工作。

为了挽救天空实验室，1973年5月25日，3名航天员乘阿波罗飞船奔赴天空实验室，把地面赶制的一顶遮阳伞从多用途对接舱的窗口撑出舱外，用于挡住阳光，使工作舱温度下降到27℃左右。然后，两名航天员又出舱，用能自动伸长的割刀切割掉缠住太阳电池阵的防护罩碎片，使太阳电池阵展开，恢复了部分电源，从而使面临夭折危险的天空实验室又具备了接待航天员的能力（图2–7）。

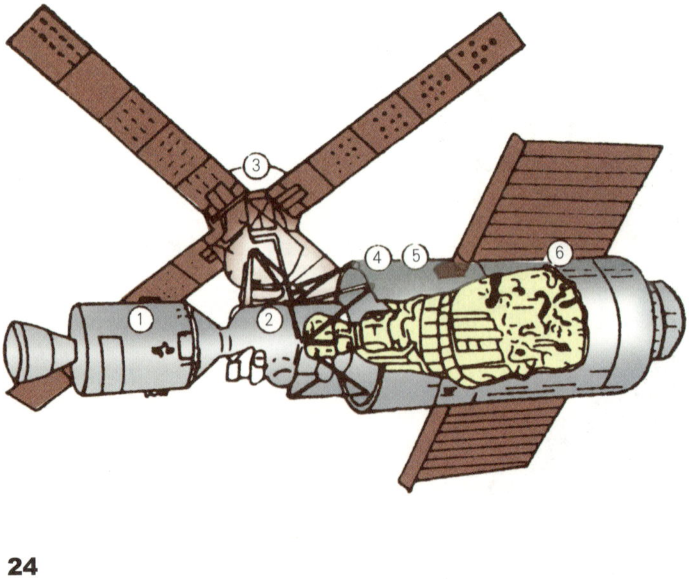

图2–6 天空实验室结构图（设计的在轨构型，有两个太阳电池阵）

1—阿波罗号指挥-服务舱；
2—多用途对接舱；
3—阿波罗望远镜；
4—过渡舱；
5—仪器舱；
6—工作舱

图2－7　天空实验室实际在轨构型（只有一个太阳电池阵）

天空实验室故障的紧急抢救成功，充分表明了人在外层空间具有巨大的作用，也表明了航天员舱外活动能力对于空间站的重要性。

7．和平号空间站与国际空间站上的出舱活动

在和平号空间站与国际空间站建造及运营过程中，航天员多次出舱进行建造和修理工作。

在和平号空间站运营过程中，航天员曾出舱修理对接其上的联盟TM9飞船。1990年2月11日，在联盟TM9载人飞船发射过程中，整流罩分离时损坏了飞船返回舱外部的隔热毯，在返回舱

周围有3块隔热毯的一端被撕开，垂直漂浮在返回舱的外面。由于隔热毯脱落，在地球阴影区时舱内温度下降很多，出现了湿气到处冷凝的现象；脱落的隔热毯还挡住了飞船上关键的水平传感器和垂直传感器的探测通路，航天员得不到有关飞船的姿态信息，而飞船的姿态信息对飞船的返回是至关重要的。1990年5月31日，进步号飞船送去了修理隔热毯所需的材料和特殊的梯子，以及录有一步一步示范维修的录像带。同时，地面控制中心还给和平号空间站传递了地面人员在水槽中模拟操作的情况。7月17日，航天员随身携带着两个夹具和许多工具，从量子2号舱爬出去，在地面控制中心的指导下，到舱外进行了6个小时的修理工作，将隔热毯折叠并修理好。1990年8月9日，联盟TM9号飞船安全返回。

在国际空间站上，航天员舱外活动量大、操作难度高。为了安装空间站的大量部件，接通管道和电缆等，美国航天员共出舱900多小时，为完成维修任务，共出舱200多小时，这比过去35年内美国航天员出舱活动时间的总和还多400多小时。此外，俄罗斯航天员也出舱400多小时。美国航天员为了安装、展开和移动太阳电池阵，在地面的水槽中进行了大量的模拟试验。因为该电池阵展开后长度为73.2米，总面积达2 419平方米，相当于半个足球场那么大，其在轨装配很复杂。1999年5月，航天员通过出舱活动在空间站上安装了美、俄制造的两个支架。2000年9月，阿特兰蒂斯号航天飞机再访国际空间站。9月11日，两名航天员进行舱外活动，对空间站进行维修，整个舱外活动历时6小时14分，创造了舱外活动时间最长的记录。

8. 国际空间站有多大，它由哪些部分组成

国际空间站的太阳电池阵两端距离约为110米，整个空间站的面积约为两个足球场大小，高度相当于13层楼房，生活和工作空间近似于两架波音747客机的客舱容积。

国际空间站由下列各部分组成（图2－3）。

1）综合桁架组合：安装在舱段组合体上；用于安装左侧太阳电池阵、右侧太阳电池阵、热控制系统散热器和移动服务系统等。

2）居住舱及服务舱：以美国提供的居住舱为主，俄罗斯提供的服务舱也有一部分居住功能，美国居住舱包括走廊、厕所、淋浴装置、卧室和医疗设备。

3）功能能源舱：由俄罗斯制造，舱内有生命保障设施，居住设施（厕所和卫生设备）、电源、推进系统，外部装有多向对接口，是最先发射入轨的国际空间站舱段。

4）实验舱：共6 个，包括美国的实验舱和中心舱，欧空局的哥伦布轨道设施，日本的实验舱、俄罗斯的2 个实验舱。

5）节点舱：共2个，由美国提供。节点1号舱用于存储物资，节点2 号舱装有仪器架，用于转换电能，供国际合作者使用。

6）能源系统：太阳电池阵共提供110 千瓦的功率，其中向美国的能源平台提供90 千瓦，向俄罗斯的能源平台提供20 千瓦。

7）外场试验平台：桁架上共有4 个位置装有该平台，用于对地观测和天文观测。

8）移动服务系统：包括有移动125 吨载荷能力的16.5 米长的机械臂，用于装配、维护空间站。

9. 国际空间站前三个舱段组成的复合体是怎样建造起来的

1998 年11 月20 日，国际空间站的曙光号功能能源舱由质子号火箭从拜科努尔发射场发射升空，进入预定轨道。

1998 年12 月4 日，团结号节点舱由奋进号航天飞机顺利送入轨道，随后与曙光号功能能源舱完成交会对接。

1999 年5 月27 日，美国发现号航天飞机发射升空，为国际空间站送货；5 月29 日，发现号航天飞机与国际空间站成功对接。

2000 年5 月19 日，阿特兰蒂斯号航天飞机发射升空；21 日与国际空间站顺利对接。航天员更换了国际空间站上备用的6 块太阳电池板中出现故障的 4 块，并利用航天飞机上的推进器把国际空间站的轨道高度提高了 30 千米。

2000 年 7 月 26 日，俄罗斯承制的星辰号服务舱与国际空间站对接，国际空间站成了有三个舱段的复合体。

第三章

飞船的总体设计

神舟号飞船采用三舱方案。轨道舱在前面，它是航天员在轨飞行时的工作舱和生活舱，并兼作出舱活动的气闸舱；返回舱在中间，设计成钟形，供航天员在发射段和返回段乘坐；推进舱在后面，为飞船变轨和姿态控制提供动力。

推进舱和轨道舱各安装一对太阳电池阵，为飞船在轨运行和轨道舱留轨利用提供电力。

1. 神舟号飞船的构型

神舟号飞船（图3－1）的构型是由它所承担的任务决定的。中国确定载人航天的第一步任务是发展载人飞船工程。中国载人飞船工程的任务是在确保安全可靠的前提下，从总体上体现中国特色和技术进步，完成以下四项基本任务：突破载人航天基本技术；进行空间对地观测、空间科学和技术实验；提供初期的天地往返运输器；为载人空间站工程大系统积累经验。

根据上述任务，在飞船①立项论证中曾提出过多种构型方案，最后形成了3种方案：方案1是返回舱居中的由轨道舱、返回舱、推进舱组成的三舱方案，方案2是返回舱在前端的由返回舱、轨道舱、推进舱组成的三舱方案，方案3是返回舱在前端的由返回舱、推进舱组成的两舱方案。

图3－1 神舟号飞船构型

经过分析认为：方案2和方案3便于发射段的大气层内救生，这是因为返回舱在飞船的前端，在发射段进行大气层内应急救生时，只需由逃逸飞行器将返回舱带走就可以了。但是，方案2有一个缺点，就是为了使航天员在轨道上能够从返回舱进入轨道舱，需要在返回舱和轨道舱之间建立一个硬通道（即刚性通道）。这个方案增加了航天员来往两舱之间的麻烦，并降低了返回防热和在轨密封的可靠性。因此，没有采用方案2。而方案3由于没有轨道舱，需要将更多的食物、饮水和应用系统的有效载荷放在返回舱中，因此返回舱要做得比三舱方案的返回舱直径更大、质量更大。这不仅给返回舱的回收着陆带来更大困难，而且不能实现轨道舱留轨利用的任务。因此，也没有采用方案3。至于方案1中，在发射段进

①本书中如无特指，所提到的飞船均为载人飞船。——编者注

行大气层内救生时要带走两个舱段的技术关键，当时认为可以通过攻关按时完成研制任务。事实证明，返回舱居中的三舱方案（图3－2）是一个在确保安全、可靠前提下能较好完成四项基本任务的方案。

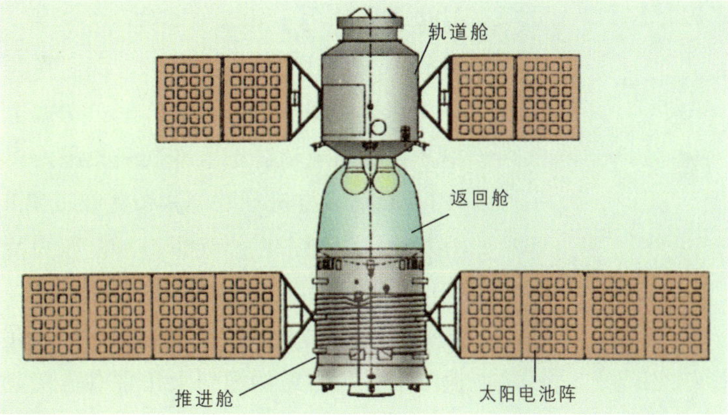

图3－2 神舟号飞船的总体布局

2. 神舟号飞船轨道舱的布局

以神舟6号飞船为例，轨道舱的功能是：在飞船自主飞行期间，轨道舱是航天员的生活舱，供航天员在轨道运行段生活、休息、睡眠等使用；飞船完成自主飞行任务后，返回舱返回地面，轨道舱继续留轨运行，进行有效载荷分系统的各项试验。

根据轨道舱的功能，安排相关设备的布置。轨道舱的总体

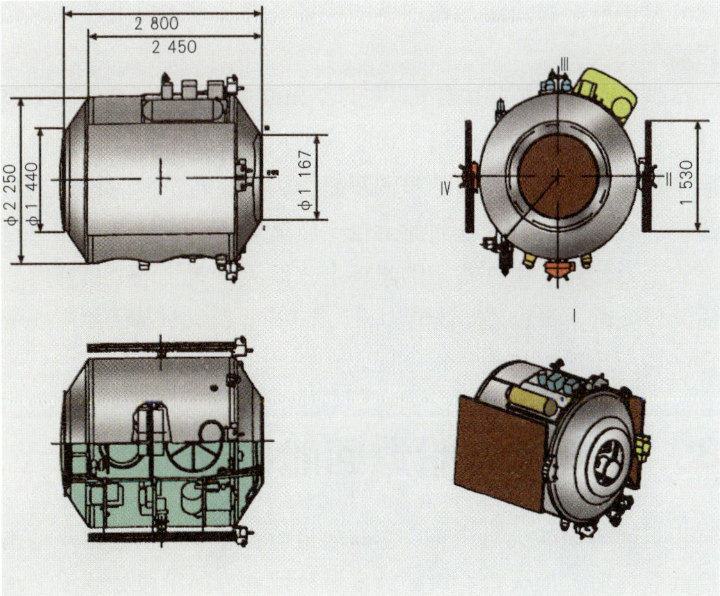

图3－3 神舟号飞船轨道舱总体布局

知识链接

神舟号飞船的总体参数

起飞质量约为7.8吨；

飞船长度约为8米；

飞船返回舱最大直径2.5米；

乘坐航天员最多人数3人；

自主飞行最多天数8天。

布局见图3－3。电源分系统的左、右太阳电池阵布置在Ⅱ、Ⅳ象限线；发射时呈压紧状态，固定在舱壁上。两个分流调节器分别安装在两个太阳电池阵的三角架上，两个驱动机构分别和左、右太阳电池阵布置在同一象限内。推进分系统的挂舱组件（内含轨道舱推进剂贮箱）布置在Ⅲ偏Ⅱ象限线圆柱段下部，四个发动机组均布在圆柱段下端，作为留轨后轨道舱控制的执行机构。控制分系统的红外地球敏感器探头、数字式太阳敏感器探头、模拟式太阳敏感器探头等安装在轨道舱外表面及太阳电池阵上。轨道舱的内壁上布置有排气泄压组件、磁力矩器、轨道舱照明灯。轨道舱内两侧的安装板上布置有：环控生保分系统的大小便收集装置、尿液贮箱、除臭装置、冷凝干燥组件、环控检测装置、传感器组件等；乘员分系统的食品加热器、人体代谢参数检测设备；电源分系统的留轨中心控制器、镉镍电池、留轨电源驱动器；数据管理分系统的中央单元以及供配电的火工控制装置；制导、导航与控制分系统的陀螺线路，姿态轨道控制器接口装置、动量轮、轨道舱太阳敏感器线路等；测控与通信分系统的遥控解调器、统一S波段测控应答机等；有效载荷分系统的二次电源、精确接收机等。结构与机构分系统的火工分离推杆和轨道舱与返回舱的连接分离装置等位于轨道舱的后端部。

轨道舱直径2 250毫米，长度2 800毫米。轨道舱上Ⅰ象限线附近有一个圆形的舱门，用于航天员进出轨道舱。在发射前航天员先进入运载火箭的整流罩舱门，再由轨道舱舱门进入轨道舱，最后由安装在返回舱上位于轨道舱和返回舱之间的舱门进入到返回舱，坐在指定的座椅上。航天员在轨道上执行舱外活动任务时，将轨道舱改造为“气闸舱”，航天员从Ⅰ象限线附近的舱门出舱，进入宇宙空间。

3. 神舟号飞船返回舱的布局

返回舱是航天员座舱。它与轨道舱合在一起构成神舟号飞船的居住舱，航天员在飞船的发射阶段和返回阶段必须乘坐在返回舱内，身着舱内航天服，并被束缚在座椅上，以便承受比较大的过载、冲击和转动，而且一旦出现致命性故障，航天员和飞船可以迅速做好转入应急救生程序的准备工作，及时实施应急救生。

返回舱的总体布局见图3－4。在Ⅲ象限线的左右有伞舱盖和稳定翼片。推进分系统的8 台发动机用来控制返回舱的飞行姿态。在Ⅰ象限线上安装了光学瞄准镜和分离密封板，光学瞄准镜在航天员手动控制返回舱运动时使用，分离密封板的作用是对返回舱与推进舱的电路、气路和液路进行连接和分离。

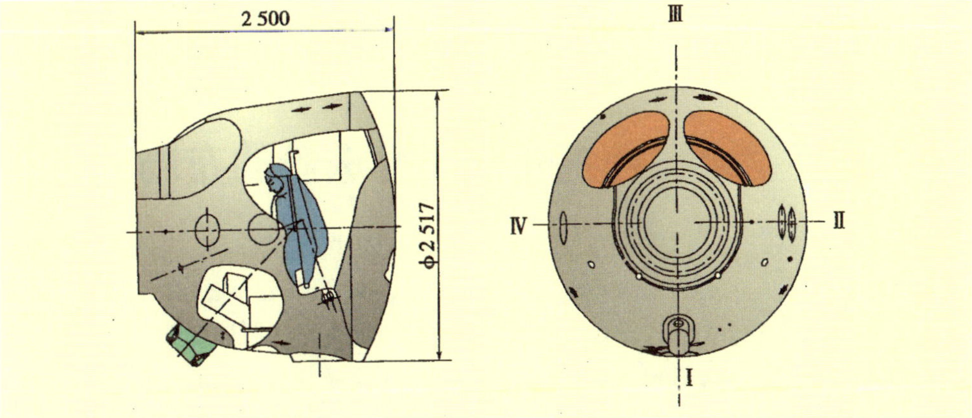

图3－4 神舟号飞船返回舱总体布局

在返回舱的Ⅱ、Ⅳ象限线处分别布置一个弦窗，航天员可以通过弦窗观察和拍摄舱外的景物。

返回舱呈钟形结构，长度为2 500 毫米，最大直径为2 517 毫米。由于返回舱最大直径比较大（联盟号飞船返回舱最大直径为2 200 毫米），所以3 名航天员乘坐相对来说比较宽敞和舒适。

靠近返回舱大头一端的座椅区布置有1 ~3 个座椅（图3－5），座椅的靠背与“地板”的夹角是20°，3 个座椅呈扇形布置，座椅的上方为降落伞伞舱。座椅周围的设备有仪表板、侧壁摄像机、照明灯、冷凝干燥组件、控制手柄等。

返回舱座椅下面的大底区是主要设备安装区，包括电源和供配电设备、制导导航和控制、测控与通信、数据管理、环控与生保、热控、推进、乘员等分系统的设备，还包括回收着陆

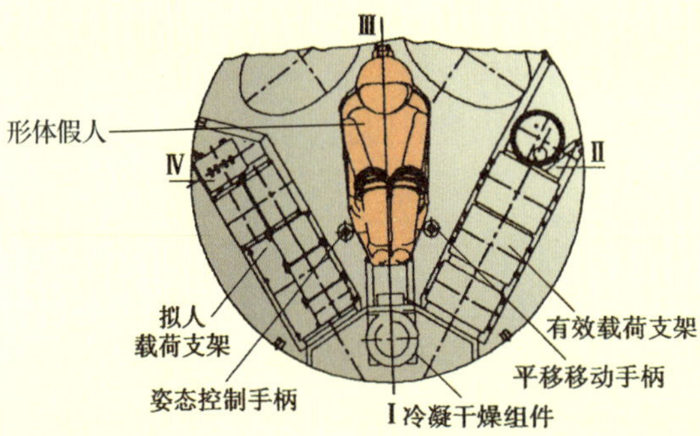

(a)神舟2号座椅区布局

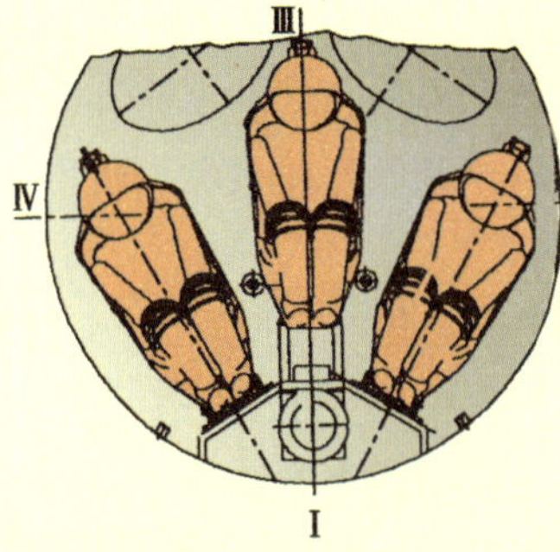

(b)3名乘员时座椅区布局

图3-5 神舟号飞船返回舱座椅区布局

分系统用于减小返回舱着陆冲击的着陆反推发动机和控制着陆反推发动机按时工作的伽玛高度控制器。

4. 神舟号飞船推进舱的布局

神舟号飞船推进舱的功能是：在飞船自主飞行及返回制动过程中为飞船提供推力，以改变飞船飞行轨道和控制飞船的姿态；同时具有安装电源、环控与生保、制导导航与控制、结构与机构、测控等分系统的大量设备和支持飞船工作的功能。

推进舱是一个非密封的金属结构的舱段，总长3 051毫米，最大直径2 800毫米。

推进舱外部布局参见图3-6。两个太阳电池翼分别布置在Ⅱ、Ⅵ象限线，发射时呈压紧状态固定于舱壁上。两个分流调节器分别安装在两个太电池阵的三角架上。两个驱动机构分别布置在直筒段中部Ⅱ、Ⅳ象限线，为两个太阳电池阵提供安装机座面。热控分系统的外回路系统设备安装在舱体外壁上。推进分系统的推进舱子系统中用于变轨和返回制动的四台变轨发动机均匀分布在锥段上，喷口露出后端框。制导、导航与控制分系统的数字式太阳敏感器探头安装在舱体外壁Ⅲ象限线上。模拟式太阳敏感器探头有5件，1件安装在Ⅲ象限线舱体外壁的安装支座上，另外4件对称地安装在太阳电池阵上。

推进舱内垂直于纵轴方向布置了多个用于安装仪器的圆盘

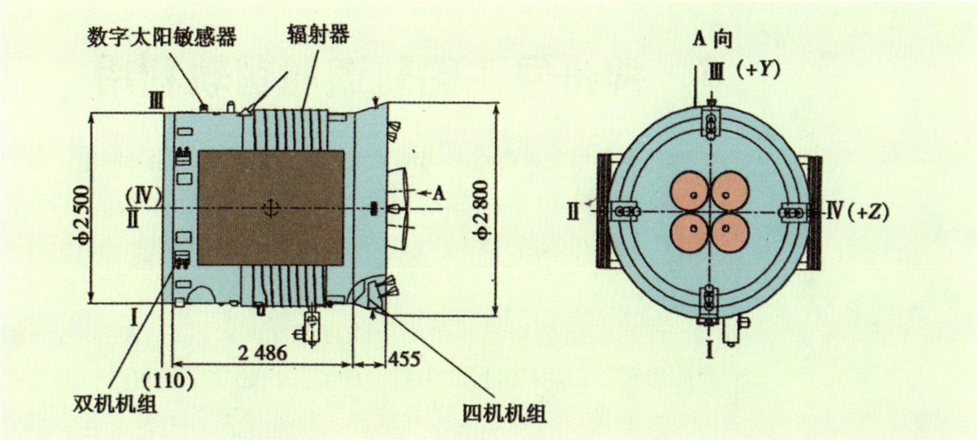

图 3–6 神舟号飞船推进舱总体布局

形结构。飞船推进舱内的热控、推进、电源、测控、数管分系统及供配电的一些设备安装在仪器圆盘上。

5．神舟号飞船为什么要采用两对可转动的太阳电池阵

神舟号飞船在轨道舱和推进舱上各安装了一对太阳电池阵（图 3–2）。

安装在推进舱上的一对太阳电池阵在神舟号飞船（从神舟 1 号至神舟 7 号）轨道运行段为飞船发电，而安装在轨道舱上的一对太阳电池阵主要是在神舟号飞船（从神舟 2 号至神舟 6 号）轨道舱留轨利用阶段，为轨道舱发电。

安装在推进舱上的太阳电池阵可以绕飞船的一个横轴转动。通过适当选择发射窗口和转动推进舱上的太阳电池阵，可以保障飞船在轨运行的 7 天内，太阳方向和推进舱太阳电池阵法线方向的夹角不大于 20°，以保证飞船的电力供应。

安装在轨道舱上的太阳电池阵可以绕轨道舱的一个横轴转动，目的是在太阳方向与飞行轨道面夹角不大时，可以在轨道舱实现三轴稳定对地定向的同时，使轨道舱太阳电池阵基本保持对日定向。

6. 神舟号飞船轨道舱留轨利用

神舟2 号至神舟6 号飞船完成主任务后，在飞船返回前，整个飞船向左偏航90°，然后轨道舱与返回舱－推进舱分离，轨道舱留在约350 千米高的轨道上工作半年左右，这叫做飞船轨道舱的留轨利用。

飞船轨道舱留轨利用为中国首创，大大拓宽了神舟号飞船的应用范围：除了执行载人航天任务外，还在空间科学、对地观测等方面做了大量试验，并取得了显著成果；考验了太阳电池阵在低轨道下长期工作的可靠性，为未来空间实验室的研制积累了经验。

7. 为什么神舟6 号飞船返回舱着陆点控制得很准

神舟6 号飞船在完成预定的5 天飞行任务后，返回舱载着航天员返回（图3－7），于2005 年10 月17 日4 时33 分安全着陆（图3－8），实际着陆点距离瞄准的理论着陆点仅偏差1.7 千米。航天员费俊龙、聂海胜自主出舱。准确的着陆对保证航天员的安全和地面人员的及时搜救起到了重要的作用。

图3－7 神舟6 号飞船返回舱进入大气层，飞向主着陆场

为什么神舟6 号飞船着陆点控制得这么准呢？一个重要原因是神舟号飞船采用了一项控制返回舱着陆点的“风修正技术”。

那么，什么叫“风修正技术”呢？

如图3－9 所示，返回舱的理论着陆点为点 O，飞船的制导、导航与控制分系统（简称GNC 系统）在飞船下降至20 千米左右时开始停止控制，停止控制的点叫停控点。如果停控点在点 O 上空，由于开伞后的返回舱是随风飘移的，所以返回舱就不会落在点 O，而是落在点 P'。点 P' 与点 O 的距离一般

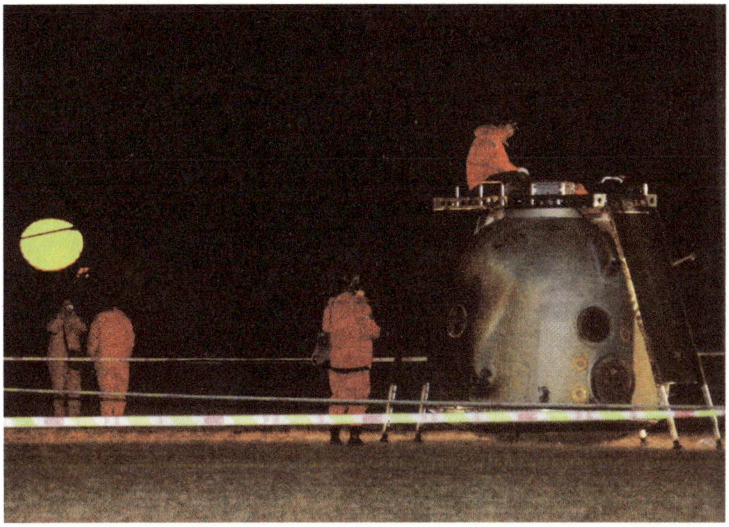

图 3-8　神舟 6 号飞船返回舱着陆现场

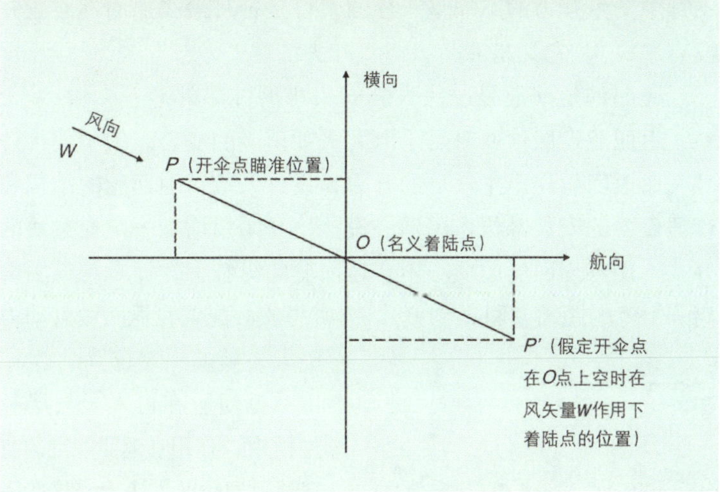

图 3-9　返回舱着陆点的风修正技术示意图

达十几千米。如果将 GNC 系统的停控点选在点 P 上空（POP' 为一直线且 $PO=OP'$），GNC 系统没有控制误差且对风场的预报准确的话，那么返回舱开伞后就会落在点 O，因此可以根据高度 10 千米以下预报的风场数据（风的大小和方向随高度变化的一组数据）算出点 P 的位置，并将点 P 位置注入飞船，使飞船 GNC 系统瞄准点 P 的位置，就可以大大消除高度为 10 千米以下风场对返回舱着陆点的影响。

在神舟 6 号飞船设计中，飞船总体与 GNC 系统密切配合，通力合作，采用了“风修正技术”。在神舟6号飞行控制工作中，神舟6号飞船总体、GNC系统、回收着陆分系统进行了风修正方案的演练，着陆场系统按计划进行了准确、系统的测风，北京航天指挥控制中心在设计部门配合下进行了准确的风场预报及GNC系统停控点参数的注入，加之GNC系统控制精度高，从而使得神舟6号飞船着陆点控制得很准。

8. 神舟号飞船返回舱是怎么产生升力的

航天飞机在返回地面时主要靠机翼产生升力，这与飞机在飞行中产生升力的原理是一样的。可是神舟号飞船的返回舱并没有“翼”，它又是靠什么产生升力的呢？

飞船的返回舱是一头大、一头小的钟形外形。

返回舱返回地面时是采取大头朝前飞的姿态。为了使神舟号飞船返回舱能产生一定的升力，设计人员对返回舱的结构和仪器设备的安装部位作了精心设计，并采用增加一定配重块的方式，使得返回舱的质心不在返回舱的纵轴上，而是与纵轴偏离一个δ的距离（图3－10），同时将质心配置在返回舱气动力中心之前的一定位置。

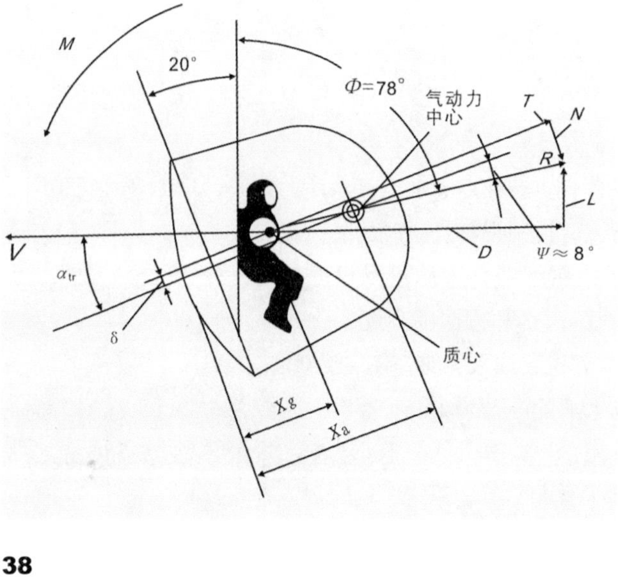

图3－10 返回舱以配平攻角飞行时的气动力和航天员位置图

V—飞行速度；
R—气动力合力；
L和D—升力和阻力；
N和T—法向力和轴向力；
M—气动力矩；
α_{tr}—配平攻角；
Φ—气动力合力与人背的夹角；
Ψ—气动力合力与返回舱纵轴的夹角；
δ—质心偏离纵轴的距离；
X_a, X_g—气动力中心和质心的坐标

返回舱在再入大气层的过程中，作用在返回舱上的空气对返回舱产生压力，这些压力可以合成一个对返回舱任何一点的一个力和一个力矩。但是在返回舱上有这样一个点，对该点求合力时只有力R，而没有力矩（即力矩为零），这个点就叫气动力中心。设返回舱的飞行速度为V，V和返回舱纵轴的夹角是α，称作攻角。

如果在某一攻角 α_{tr} 下产生的空气动力 *R* 正好在质心与气动力中心的连线的延长线方向，那么作用在返回舱上的就只有空气动力 *R* 而没有空气动力力矩（气动力矩 $M=0$），那么 α_{tr} 就称为配平攻角。在此状态下，理论上不需要有作用在返回舱上的其他力矩，飞船就可以保证在配平攻角状态下飞行。空气动力 *R* 可以分解为沿速度 *V* 反方向的力 *D* 和垂直于 *V* 方向的力 *L*，*D* 被称为阻力，*L* 被称为升力。图3-10 中的升力 *L* 是在纸面内的，如能控制返回舱绕速度矢量 *V* 旋转，则可以控制作用在返回舱上的升力的水平分量和铅垂分量的大小和方向，这样就可以控制返回舱的再入轨道，使返回舱的再入过载峰值不大于4g，并控制返回舱下降至 20 千米左右高度的停控点的地理位置。

9. 返回舱再入大气层时，航天员为什么要坐在“倒座”上

在公交车上，大部分的座位都是朝前的，但是也有少数的座位是朝后的，人们把这些朝后的座位叫做“倒座”。

返回舱再入大气层时，航天员乘坐的座椅方向与返回舱的飞行方向相反（图3-10），可以说，航天员是坐在返回舱的“倒座”上。航天员为什么要选乘“倒座”呢？这是因为，返回舱在再入过程中，由于空气阻力 *D* 的作用，一直处于减速状态，就好像公交车处于“刹车”状态，采用“倒座”可以使航天员的头部和上身紧压在带有赋形坐垫的座椅靠背上，使航天员便于承受较大的过载。座椅与返回舱的“地板”呈20° 夹角，这样由升力 *L* 产生的过载使航天员的臀部和大腿紧压在座椅上，可以提高航天员对承受较大过载的耐受性。

有趣的是，航天员坐在“倒座”上，在飞船待发段和上升段也很舒服。因为航天员在发射前2 至3 小时就要进入返回舱，并坐在座椅上进行各种准备工作，此时飞船呈垂直竖立状态，航天员躺在靠背与地板成20° 的“躺椅”上，相当于男士在理发店内剃须或女士在美容院美容时的半躺姿态。在上升段，火箭给飞船以推力，飞

船将推力传递到航天员的座椅上，航天员感受到座椅的“推背力”，相当于驾驶有强劲动力的汽车在加速一样，能承受的力较大。

那么在轨道运行段呢？在轨道运行段，航天员处于失重状态，身躯前倾20°和其他状态一样，都是相同的感受。

10. 载人飞船为什么要设置气闸舱

载人飞船设置气闸舱是保证航天员安全执行舱外活动的关键设施。

对于有两个可供航天员驻留的压力舱的飞船（如联盟号飞船和神舟号飞船），在航天员执行出舱任务时，都要设置一个气闸舱，这个气闸舱可以由轨道舱改装而成。气闸舱上有两个门：一个门通向舱外的宇宙空间，称为外舱门；另一个门通向返回舱，称为内舱门（即进出返回舱的舱门，安装在返回舱上），见图3－11。

气闸舱具有以下5个作用：

1）航天员在打开气闸舱的外舱门进行舱外活动时，能保证飞船的返回舱处在正常的大气压力下，不用整船泄压，减少飞船内气体的流失量，节省宝贵的气源。

2）在航天员出舱前对气闸舱的压力进行调节，并使航天员“吸氧排氮”，预防减压病。

图3－11　载人飞船的轨道舱（兼气闸舱）

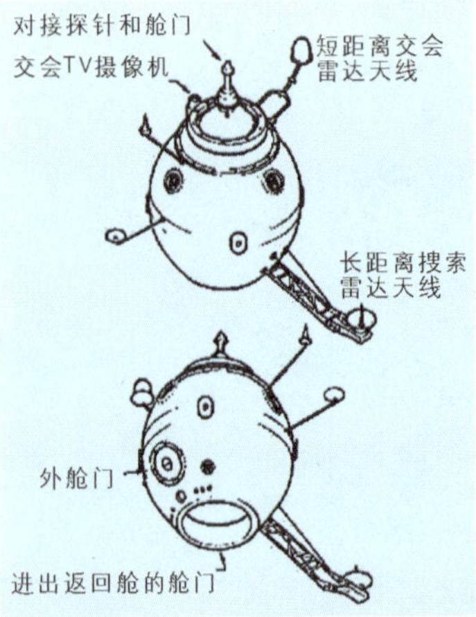

（a）联盟号飞船的轨道舱（兼气闸舱）

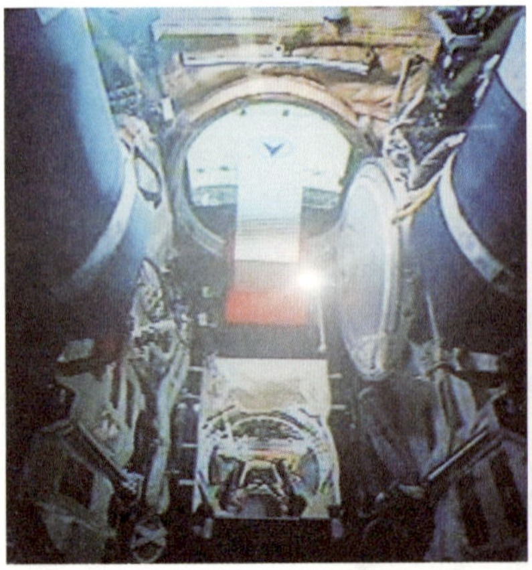
（b）神舟7号飞船的轨道舱（兼气闸舱）内部布局

（c）神舟7号飞船轨道舱的外舱门

知识链接

航天员在出舱前为什么要在气闸舱内“吸氧排氮”

“吸氧排氮”的目的是为了预防减压病。按照舱外航天服内的压力制度，可以分为低压航天服和高压航天服。美、俄两国已使用和正在使用的舱外航天服以及神舟7号飞船上我国研制的“飞天”舱外航天服都采用低压力制度，压力控制在25～40千帕，采用纯氧气体。采用低压航天服的优点是航天员的手臂和腿脚便于活动。但是，大部分的载人航天器（如联盟号飞船、神舟号飞船、国际空间站等）的载人舱内均为1个标准大气压（约101千帕）的氧氮混合气体，因此航天员出舱活动前必须从舱内的气体环境过渡到舱外航天服的低压纯氧环境，这就带来了发生减压病的危险。现阶段，美、俄和欧空局预防太空减压病的方法为吸氧排氮或阶段减压或两者兼用。

“吸氧排氮”即在出舱活动之前预先呼吸纯氧，将人体内的氮气排出。例如，先将舱内压力降至70千帕，然后用大流量的氧气充入舱外航天服内部，替代氧氮混合气体，使舱外航天服内成为80千帕的纯氧环境。航天员在此状态下“吸氧排氮”30分钟，再继续减压。呼吸纯氧时，由于肺泡中的氮分压降低，溶解在静脉血中的氮气就可不断通过肺毛细血管弥散到肺泡中被呼出。这样，血液中的氮气分压就降低了，于是溶解在身体各组织、体液中的氮气又向血液中弥散，最终被呼出体外。

3）航天员出舱前将气闸舱内的气体放掉，使得气闸舱内的压力接近于零，方便航天员打开外舱门，进行舱外活动；当航天员完成舱外活动，回到气闸舱，关闭气闸舱外舱门后，向气闸舱内补充气体，恢复气闸舱内1个标准大气压的压力，保证航天员能回到返回舱。

4）可避免返回舱内的仪器设备暴露在真空中，返回舱内的航天员不需穿舱外航天服，有利于舱内航天员的安全。

5）存放、组装与检测舱外航天服。一般发射时在气闸舱内装有舱外航天服，入轨后航天员在气闸舱内组装及检测舱外航天服，然后出舱。舱外活动结束后，在气闸舱内脱舱外航天服，并将舱外航天服放在气闸舱内。

11. 航天员出舱活动的主要程序

载人飞船具有气闸舱（由轨道舱兼作气闸舱）的情况下，如果有3名航天员在载人飞船上，则航天员典型的出舱活动主要程序如下

(为叙述方便将3名航天员分别称为航天员1、航天员2、航天员3)。

(1)出舱准备阶段

出舱准备阶段的主要程序如下:

1)航天员1和航天员2由返回舱进入到轨道舱(航天员3仍停留在返回舱内,对飞船和出舱活动状态进行监视和报告地面),关闭返回舱舱门和两舱压力平衡阀;

2)航天员1和航天员2组装舱外航天服;

3)航天员1和航天员2脱下舱内航天服,换上舱外航天服;

4)将舱外航天服充气,检查舱外航天服的密封性,确认舱外航天服状态;

5)将轨道舱内压力降至70千帕,同时向舱外航天服内供应大流量氧气,并维持80千帕的压力,使航天员"吸氧排氮";

6)打开轨道舱泄压阀,将轨道舱压力按预定程序降至接近于零;

7)航天员1准备出舱,航天员2在轨道舱舱门口处等待接应。

图3–12 神舟7号航天员翟志刚打开轨道舱外舱门(上)

图3–13 神舟7号航天员进行出舱活动并展示国旗(下)

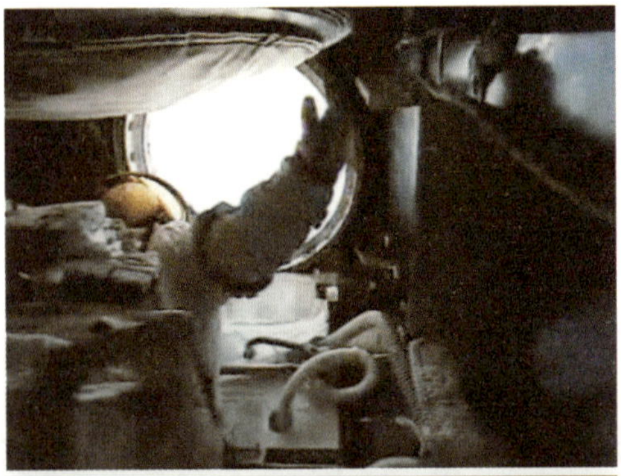

(2)出舱活动阶段

出舱活动阶段的主要程序如下:

1)地面通知航天员出舱活动正式开始,航天员1开启轨道舱外舱门(图3–12),装外舱门保护罩(防止外舱门密封圈和密封面被碰坏或划伤);

2)接通舱外航天服的水升华器(航天员出舱活动期间,由于运动而产生较多热量,水升华器可辅助散热);

3)航天员1出舱;

4)航天员1借助舱外活动扶手、绳系固定装置等沿指定路线行走(图3–13);

5)航天员1在舱外完成预定工作(如取下舱外搭载的实验物品或对飞船外部发生故障的部件进行修理等)(图3–14);

6）航天员1进入轨道舱，关闭水升华器，关闭轨道舱舱门并检漏；

7）关闭泄压阀，出舱活动阶段结束。

图3-14 神舟7号航天员进行出舱活动，正在取回固体润滑材料装置

（3）出舱活动后阶段

出舱活动后阶段的主要程序如下：

1）开启轨道舱复压阀；

2）轨道舱压力恢复到40千帕；

3）连接航天员1和航天员2的舱外航天服与舱内的管路和电缆，舱外航天服转舱载供给，关闭通信处理器，打开脐带处理器，舱外航天服增压至80千帕；

4）在航天服增压期间利用真空压力表对轨道舱压力进行监测；

5）轨道舱压力从40千帕恢复到80千帕；

6）航天员1和航天员2脱掉舱外航天服、断掉舱载系统；

7）轨道舱压力恢复到正常压力（1个标准大气压），航天员2关闭轨道舱复压阀，航天员3打开返回舱舱门平衡阀；

8）轨道舱和返回舱压力平衡后，航天员3打开返回舱舱门，航天员1和航天员2回到返回舱，出舱活动后阶段结束。

图3-15 航天员着舱外航天服在中性浮力水槽内的神舟7号气闸舱上进行训练

执行出舱活动任务的航天员在执行任务之前，要进行多项

训练。图 3－15 为中国航天员着舱外航天服(训练服)在中性浮力水槽内的神舟 7 号飞船气闸舱模型上进行模拟失重训练和神舟 7 号飞船出舱活动任务训练。

12．神舟7号飞船是如何发射、运行和返回的

神舟 7 号飞船和神舟 1 号至 6 号飞船一样，是按精心设计的程序发射、运行和返回的。

如图 3－16 所示，神舟 7 号飞船的飞行程序如下：

1）神舟 7 号飞船搭乘火箭起飞；

2）抛逃逸塔，助推器分离，一级火箭分离，整流罩分离；

3）二级火箭关机，飞船与火箭分离；

4）飞船入轨；

5）飞船展开太阳电池阵；

图 3–16 神舟 7 号飞船的发射、运行和返回全程图

6）飞船在轨飞行；

7）飞船准备返回，第一次返回姿态调整，相对前进方向向左偏航90°，轨道舱与返回－推进舱（返回舱与推进舱的组合）分离（图3－17）；

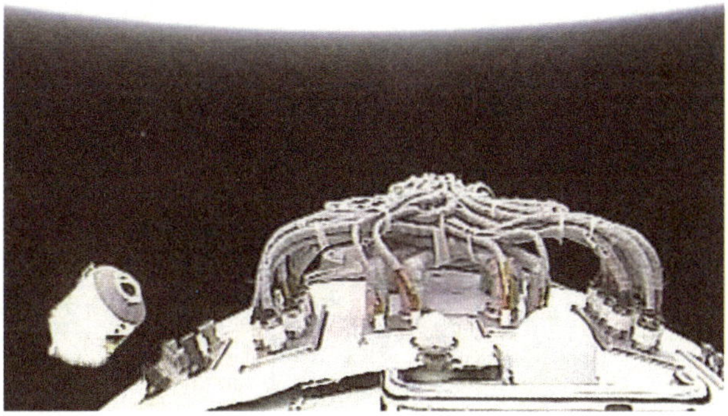

图3－17 神舟7号飞船返回过程中轨道舱与返回－推进舱分离（此图像由推进舱外摄像机拍摄）

8）返回－推进舱进行第二次返回姿态调整，达到制动姿态（偏航角180°，俯仰角－14.5°）后，制动发动机点火工作；

9）制动发动机关机，返回－推进舱进入返回轨道的过渡段，当飞行高度约为145千米时，返回舱与推进舱分离（图3－18），返回舱进行姿态调整，以设定的再入姿态进入大气层；

10）返回舱再入大气层，当飞行高度约为100千米时，返

图3－18 神舟7号飞船返回过程中返回舱与推进舱分离（此图像由推进舱外摄像机拍摄）

回舱升力控制开始，当飞行高度约为20千米时，返回舱升力控制结束；

11）回收着陆系统开始工作，当飞行高度约为10千米时，抛伞舱盖；

12）返回舱乘主伞下降（图3-19）；

13）当飞行高度约为1.2米时，着陆反推发动机工作，返回舱安全着陆（图3-20）。

图3-19 神舟7号返回舱乘主伞下降（左）

图3-20 着陆反推发动机工作，返回舱安全着陆（右）

第四章

飞船的结构与机构

飞船结构是指各个舱段的金属壳体结构和返回舱的防热结构。金属壳体结构用来为仪器设备提供可靠的安装面和支撑，防热结构用来保证密封壳体不被烧坏。

飞船机构是指通过机械运动而完成特定任务的装置，包括需要长期活动的装置和只进行一次动作的装置。

1. 什么是飞船的结构与机构

飞船结构是指各个舱段的金属壳体结构和返回舱的防热结构。金属壳体结构用来为仪器设备提供可靠的安装面和支撑；对于航天员生活的舱段，要为航天员提供密封的空间。防热结构用来保证密封壳体不被烧坏。因此，结构必须有足够的强度、刚度、精度、气密性和耐烧蚀性，能够保证飞船在经历运输、发射、在轨飞行、返回和着陆等阶段时，在加速度、振动、冲击、噪声、摩擦等力学环境作用下，结构不发生影响任务完成的变化。

神舟号飞船的轨道舱舱体是密封金属壳体结构；返回舱舱体是在密封的金属结构外面再包覆一层烧蚀材料层；推进舱是一个由仪器盘、端框、隔框、桁条和蒙皮组成的铆接非密封的壳体结构。

飞船的机构广义地是指那些需要通过机械运动而完成特定任务的装置。这种装置有两类，一是需要长期活动的装置，如电源分系统的太阳电池阵驱动装置；另一类是只进行一次动作的装置，如回收与着陆分系统降落伞的吊挂与脱伞机构，伞舱盖的弹抛装置，电源分系统的太阳电池阵展开与锁定机构，实现飞船在轨对接和分离的空间对接装置等。这些机构属于飞船不同的分系统。其中一些与结构有密切关系的机构或装置，属于飞船结构与机构分系统，如用于连接舱段的连接分离装置，用于航天员穿舱的密封舱门上的各种机构，用于保护航天员着陆时免受强烈冲击的座椅缓冲装置，天线舱盖的弹抛机构等。

2. 结构与机构分系统的组成

神舟号飞船的结构与机构分系统由结构和机构两部分组成，结构部分由轨道舱结构、返回舱结构和推进舱结构组成（图 4－1），图 4－2 表示的是飞船连接与分离装置与舱段的连接关系。

神舟号飞船的机构部分包括以下 4 类装置。

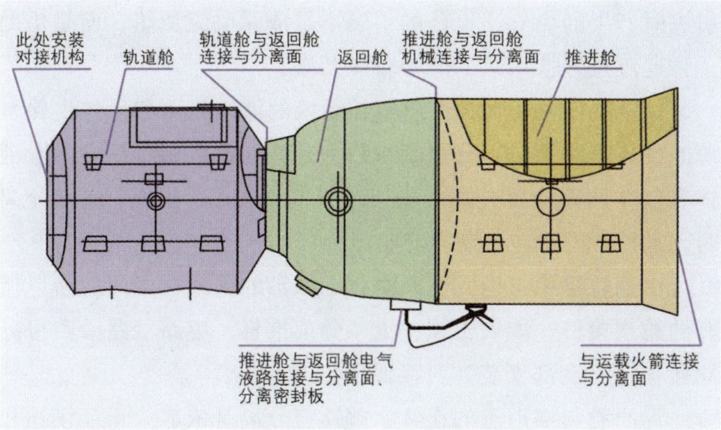

图4–1 神舟号飞船结构外形图

(1) 舱段的机械、电气液连接与分离装置

为了保证飞船舱段之间的连接处有足够的强度、刚度和精度，对接面的连接框和连接锁也必须有足够的强度、刚度和精度，为了保证舱段之间可靠地分离，所有连接锁必须能够同时打开（工程上叫做解锁），每个分离推杆都能够同时以同样大小的力把两舱平行地分开，如果动作时间不同步或分离推力偏离质心，就会造成分离后的舱段姿态发生偏转。

返回舱与轨道舱的机械连接、解锁与分离是依靠火工连接锁和火工分离推杆来实现的，这些装置动作的动力源是火约在

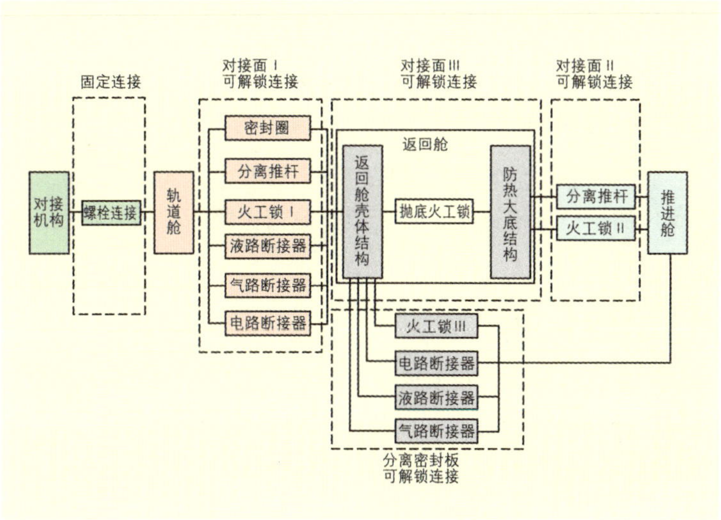

图4–2 飞船连接与分离装置与舱段的连接关系图

知识链接

爆轰波

爆轰，又称爆震。它是一个伴有大量能量释放的化学反应传输过程。反应区前沿为一以超声速运动的激波，称为爆轰波。

引爆时产生的燃气，火药的引爆不是依靠电流加热，而是借助一种通过爆轰波引爆的非电传爆装置。

由于两舱间对接面上有热控系统的液体管路和环控生保系统的气体管路通过，分系统专门为这些回路研制了连接两舱液体和气体回路的可分离接头（叫做断接器）。在两个舱段分离时，液路和气路立刻被切断。

由于轨道舱与返回舱有垂直于纵轴的共同对接面，所以所有两舱连接件，如火工锁、火工分离推杆、电路气路液路可分离接头等，全部安装在对接面上。

返回舱与推进舱的连接、解锁与分离是依靠火工连接锁和弹簧分离推杆来实现的。

由于推进舱与返回舱没有共同的对接面，所以电气液路可分离接头等无法沿纵轴方向安装。因此，在返回舱侧面设置一个分离密封板，将上述部件安装在密封板上，分离时用火工装置和分离弹簧将这些部件从侧面分开。

（2）部件的连接与分离装置

部件的连接与分离装置包括：抛防热大底火工锁，它的用途是在返回舱主伞开伞状态下将防热大底抛掉，以便露出着陆反推发动机、高度计和着陆时起缓冲作用的密封大底；露出抛安装在返回舱上端框上通气阀盖的火工锁，以及抛侧壁和大底天线盖的火工锁。

（3）舱门及其附件

舱门及其附件包括返回舱与轨道舱舱门，显示舱门是否关闭到位的舱门压点开关，用于检查舱门关闭后初始密封状态的舱门快速检漏仪。

（4）座椅及其附件

座椅及其附件包括航天员座椅、发射和返回时将航天员束缚到座椅上的束缚装置，以及座椅着陆缓冲装置。

3. 结构与机构承受哪些载荷

载荷是结构与机构分系统设计时重要的输入条件，所以在进行详细设计时，必须首先对不同时段的载荷情况进行分析，并作为分系统设计和试验的依据。飞船的结构与机构主要承受以下载荷：

1）发射段的载荷。包括由运载火箭飞行过载产生的静载荷（包括纵向与横向过载），由发动机工作产生的振动载荷、冲击载荷和噪声载荷。

2）逃逸救生状态下的载荷。

3）返回段飞行时的载荷。返回舱在再入大气层过程中，要承受由气动力引起的静载荷。同时，还要承受由气动加热引起的温升和由空气脉动或气动噪声产生的振动载荷。

4）着陆或着水冲击载荷。对于载人飞船来说，返回舱着陆或着水冲击是一个强烈的冲击，这个冲击值很大，它将直接威胁航天员的生命安全。

5）地面载荷。飞船在加工、装配、停放、起吊、翻转和运输时，会产生很大的动、静载荷。特别是在运输时，载荷很复杂，不仅有长时间作用在舱体上的静载荷，还有在运输中产生的振动和冲击载荷。

6）轨道飞行段的载荷。对于密封舱来说，在空间飞行时，舱内充有1个大气压的氧氮混合气体，气体的内压会引起壳体结构变形，并将影响壳体结构的精度。在轨道飞行段，飞船还将承受轨道机动、姿态控制或停靠过程中产生的瞬态载荷，各类分离动作、天线和太阳电池阵展开时火工品引起的冲击载荷，以及热环境引起的附加载荷。

4. 什么是结构的固有频率，怎样避免飞船与运载火箭发生共振

任何一个物体，都有自己固有的物理特性，如质量、质心

和振动频率，这些物理特性之间存在固定的关系。飞船的舱段结构和整船结构也有自己的固有物理特性，装上仪器设备和电缆导管后形成的舱段，其质量、质心和振动频率也将发生变化。

发射时，飞船作为运载火箭的载荷安装在火箭的前端（图4－3），如果飞船的某一固有频率与运载火箭的固有频率相同，那么在发射时可能产生强烈的共振，振动将使飞船的结构产生很大的应力。当应力达到材料的破坏极限时，将导致舱体结构的破坏或仪器设备的失效。由于运载火箭的固有频率较低，因此在进行舱体结构设计时，必须考虑安装在结构上仪器设备、电缆导管的质量及其分布，尽量通过提高舱体结构的刚度来提高舱段和整船的固有频率，以免发生共振。

图4–3 神舟6号船罩组合体与运载火箭进行对接

5．着陆缓冲工作原理

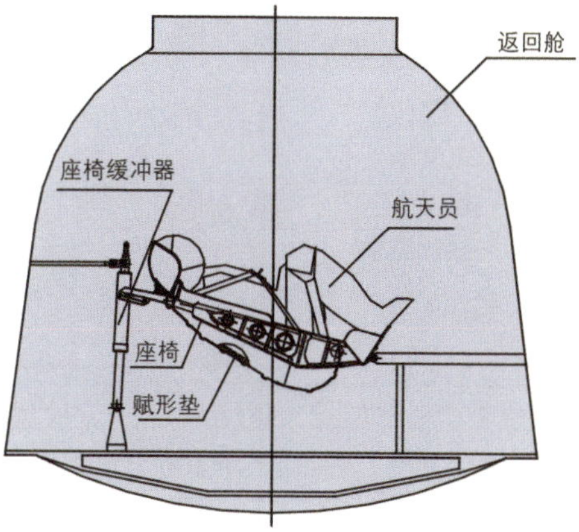

图 4－4 航天员和座椅在返回舱内的位置

在飞船返回阶段，航天员被束缚在座椅上。当准备着陆时，座椅缓冲器提升；在着陆冲击时，缓冲器被压缩。航天员将绕脚部附近的轴进行转动（图 4－4）。

飞船返回舱正常着陆时，着陆速度不大于 2.5 米／秒。返回舱以这样的速度与地面撞击，对航天员来讲是安全的。但是，当主份伞因故未打开而以备份伞工作，而且着陆反推发动机因故未工作时，返回舱将以近 10 米／秒的速度着陆，并以很大的动能与地面撞击（图 4－5）。为此，在进行返回舱结构和机构设计时，要采取必要的缓冲措施。

图 4－5 神舟 6 号飞船返回舱进行着陆冲击试验

（1）返回舱密封大底变形吸收冲击能量

因为在整船测试时，返回舱的大头一端在下面，小头一端在上面，所以将返回舱大头一端的金属密封盖称做返回舱密封大底。返回舱密封大底的内层是一个密封蒙皮，它与装有密封圈的端框焊接在一起，它的外面焊有一些辐射状的桁条，最外面是一个铝合金的缓冲球底，用 1 000 多个螺钉将它与桁条连接在一起。在受到地面撞击时，外层缓冲球底先变形，吸收部分能量，依次是桁条、密封底产生变形并吸收能量。

（2）座椅缓冲器

返回舱着陆时，舱体撞击地面后产生冲击力，这种冲击力应该小到航天员可以忍受的程度。为此，设计人员在航天员座椅下面专门设计了一种能够吸收冲击能量的缓冲器。

在返回段前段，缓冲器呈收缩状态，航天员处于半躺半坐

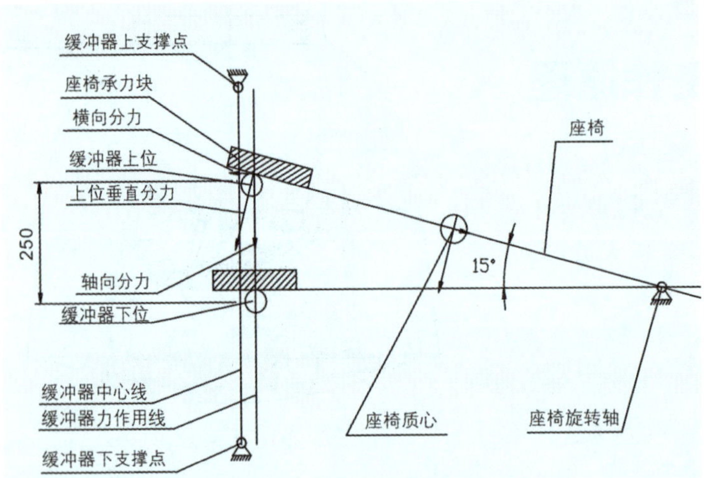

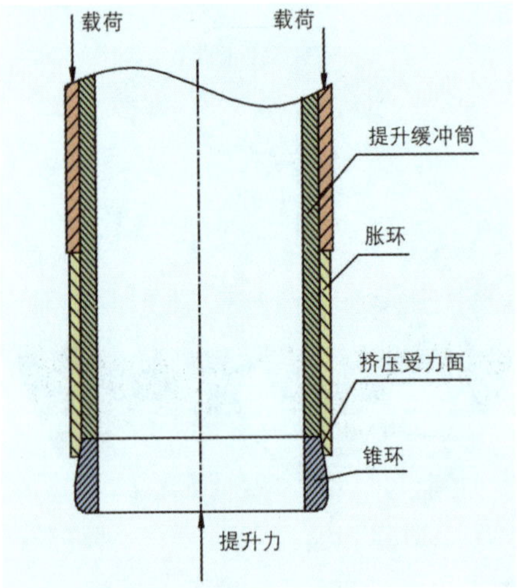

图 4－6　缓冲器运动极限位置图（上）

图 4－7　座椅缓冲器工作原理图（下）

状态。在着陆之前，用火药燃气（神舟 7 号飞船用高压气体）将缓冲器伸开，将航天员座椅连同航天员一同提升抬高 250 毫米后（即将航天员座椅在航天员头部的一端由图 4－6 的缓冲器下位提至缓冲器上位），用钢珠锁自动锁住。着陆时，由于冲击的作用，缓冲杆被压缩，压缩的程度由着陆冲击强度决定。

缓冲器的核心部件是缓冲元件。这种元件种类很多，如铝蜂窝结构、蜂窝铝、切削刀具，以及拉筒、缓冲拉杆、胀环和套筒等结构。神舟号飞船缓冲器的缓冲元件是胀环和套筒，它的工作原理图如图 4－7 所示。

返回舱着陆时，在人－椅系统的冲击作用下，缓冲器下移，吸能组件厚度不完全相同的胀环依次通过锥环。由于锥环大端的外径大于胀环的内径，因此在胀环通过锥环时均发生扩径现象，外部的冲击能量转变为胀环材料的弹、塑性变形能，从而达到缓冲吸能的目的。

6．对接装置

空间对接装置是用来实现航天器之间的机械、电气、液路空间对接、连接与分离的复杂装置，借助对接装置，可以将在空间轨道上交会的两个航天器连接成一个轨道复合体，实现精确的刚性、密封连接以及电气液路的连接，以便执行设备维修、部件更换、推进剂加注、人员轮换、物资运送、应急救生等任务，并可通过在轨装配和舱段对接建造永久性空间站等大型轨道复合体。

成对的两个对接组件被称为对接装置：其中参与从捕获、对接到分离的所有作业的对接组件称为主动组件；只参与对接和分离的对接组件称为被动组件；既可以作为主动又可以作为被动的对接组件称为异体同构对接组件。对接组件中用于缓冲、补偿初始偏差、捕获、校正和拉紧的机构称为对接机构。

空间对接装置的基本功能是实现两个航天器之间的多次对接、保持连接与分离。空间对接装置在这个过程中要完成以下基本作业：缓冲、补偿初始偏差、捕获（建立初始机械连接）、校正（使两航天器纵轴重合）、拉紧（使两对接框接近）、最终校正（通过导向销精确校正）、刚性密封连接（建立第二次机械连接，包括充气和检漏）、接通两对接航天器的电气液路通道、开关通道门盖、密封性能检查、对接通道排气、解锁（断开机械连接）、分离（解锁后推开）、向航天器的控制和测量系统发出已经分离的信号等。

根据使用要求，对接装置可以分为精确的刚性连接和在相对位移比较大时使用的非刚性连接。在大多数情况下，特别是载人飞行时，必须使用刚性连接。

（1）杆－锥式对接装置

图4－8表示了杆－锥式对接装置的组成，它由主动和被动两个组件组成。被动组件有一个接纳锥和带槽的接纳孔。对接时主动组件伸出滚珠丝杆和带捕获钩的杆头。当它们相互作用时，对撞击进行缓冲，补偿初始偏差和进行以后的校正与拉紧。

这种装置的优点是结构简单，质量和外形尺寸比较小。缺点是通道的中心部分被占用，每个对接组件只能是主动的或者是被动的，不能互换；杆头在接纳锥内的位移影响到滚动方向的初始角度误差。

为了解决中心部分被占用而不能形成对接通道的问题，把对接装置和舱门做成一个整体（图4－8（c）），当打开舱门时，便将对接机构旋转一个角度，中间空出一个过人通道，其缺点

图 4－8　杆－锥式对接装置

1—接纳锥；
2—带槽的接纳孔；
3，7—锥和杆的固定球形铰支座；
4，6—被动和主动锁钩；
5—对接框；
8—液路连接接头(兼作定位销)；
9—校正杠杆；
10—滚珠丝杆；
11—带捕获钩的杆头；
12—液路对接接头孔

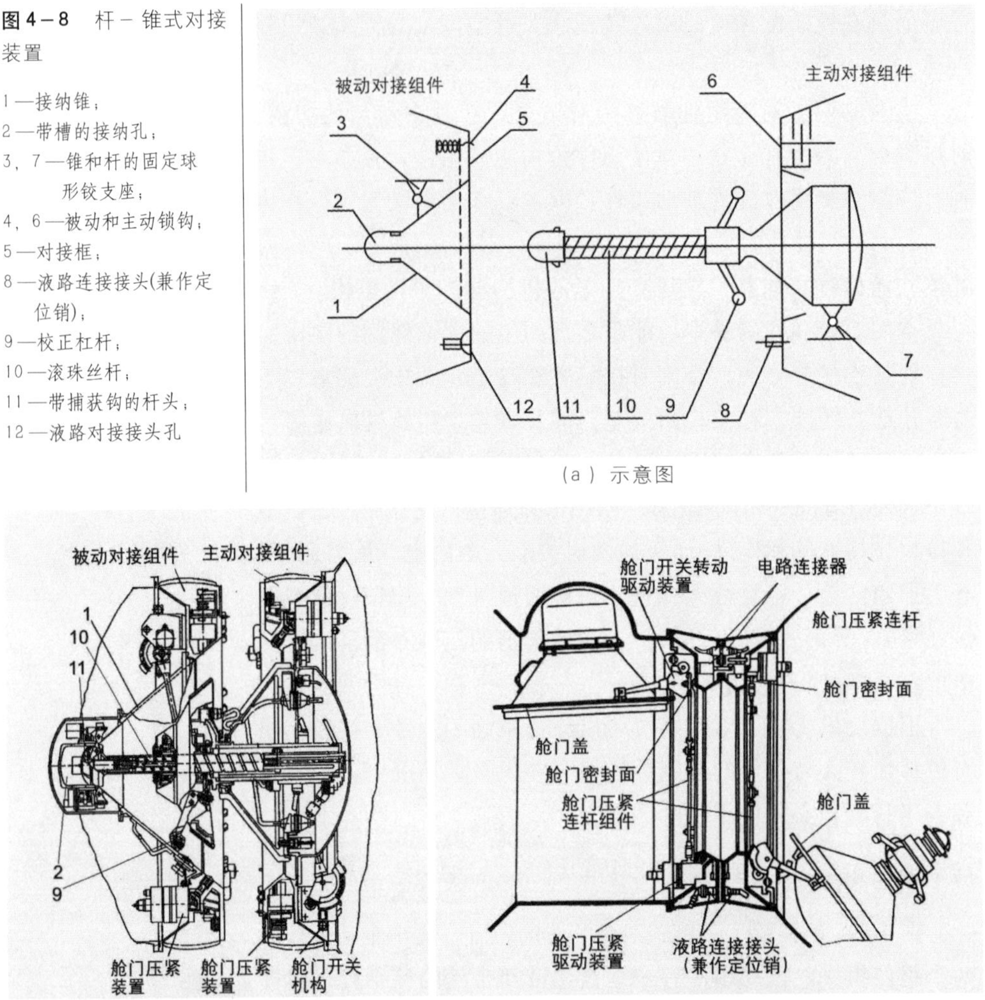

（a）示意图

（b）对接前结构图

（c）对接后结构图

是必须在舱体上突出一块，给对接机构留出空间。

杆－锥式对接机构的对接过程分为四步，如图 4－9 所示。

第一步是接触。主动对接机构的滚珠丝杠全部伸出来以后，就作好了对接的准备。当带捕获钩的杆头撞击到被动对接装置的接纳锥的内壁时，就实现了接触。

第二步是捕获。带捕获钩的杆头沿被动对接装置的接纳锥的内壁滑动时，三个校正杠杆上的一个或两个磙子也沿内壁滚

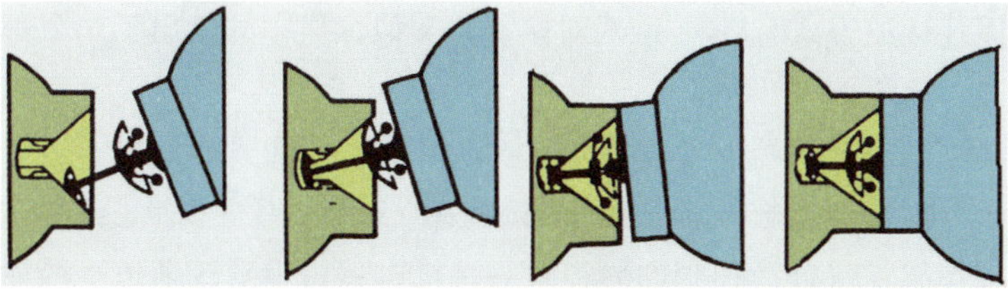

（a）接触　（b）捕获　（c）校正　（d）拉紧

图 4－9　对接过程示意图

动，直到捕获钩撞过滑动齿条，落到接纳锥根部的捕获槽内（图4－10）。两个齿条通过齿轮和连杆实现联动，当捕获钩被齿条滑块卡住时，就完成了捕获，实现了柔性连接。

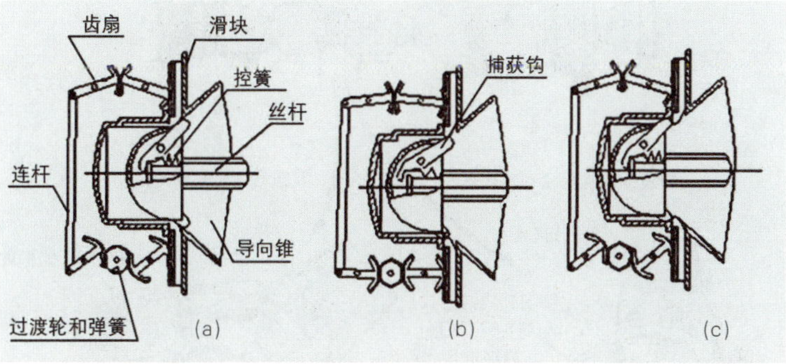

图 4－10　杆－锥式对接机构捕获锁工作原理图

第三步是校正。捕获后，三个校正杠杆展开，磙子支撑在接纳锥内壁，强制两个已经实现了柔性连接的航天器纵轴重合。

第四步是拉紧。完成矫正之后，丝杠反转，通过捕获锁将两个航天器拉近，直到两个对接面全部接触。此时对接机构的工作全部完成。后面的工作是启动对接框上的结构锁，实现两个航天器之间的刚性与密封连接。

对接框锁紧后，检查密封性，最后打开舱门，如图4－8（c）所示。

（2）周边式对接装置

为了使航天员和货物能够直接通过对接通道实现转移，苏联和美国又在1975年共同研制并使用了导向瓣外翻的周边式对接装置（苏联称为АПАС—75）。它由均匀分布在捕获环上的三个导向瓣和捕获锁实现捕获，用一套传动机构实现拉紧。

而连接的方式与杆－锥式对接装置类似，但中间留出了一个通道，如图4－11所示。

随着航天器的尺寸和质量不断增加，苏联又研制出了适用于100吨以上航天器对接的对接装置（АПАС—89），这种对接装置是导向瓣内翻的周边式对接机构；由于对接通道直径加大，两个航天器的连接刚度得到了很大的提高。美国的航天飞机与和平号空间站以及正在建造的国际空间站，都使用这种对接装置。

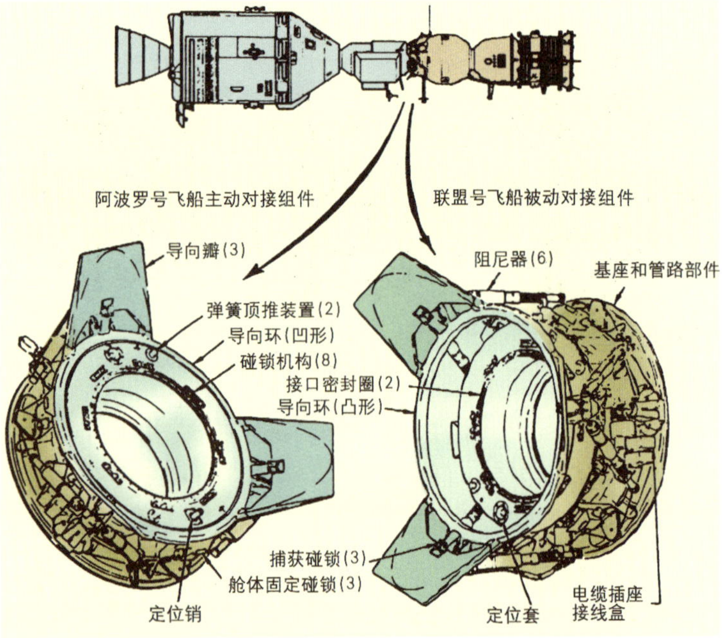

图4－11 阿波罗飞船与联盟号飞船对接所用的对接装置

第五章

载人航天器的防热结构

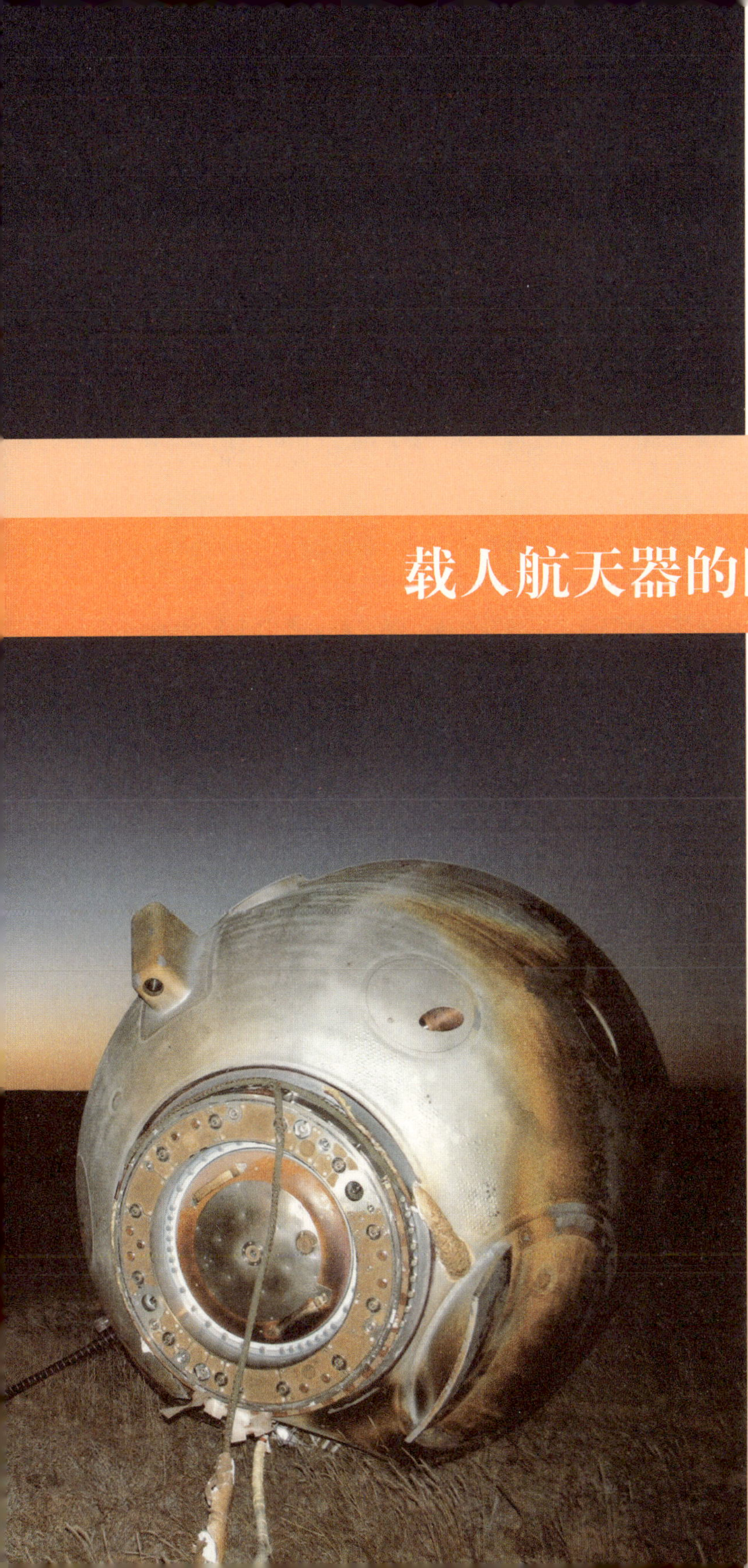

飞船完成轨道飞行任务，重新进入大气层时，迎风面有近8 000℃的高温激波，周围又被数千摄氏度的空气所包围。如果不采用特别的措施予以防护，飞船穿越大气层时将被烧毁，或者只剩下一些残骸落到地面。

1. 飞船再入大气层的气动热

在晴朗的夜晚观察天空，常常可以看到有流星飞过，在天上划出一道亮光。这些亮光就是流星以极高速度进入大气层时，因摩擦生热而燃烧所产生的现象。

那么，热从何而来呢？简单地说，飞行的物体受到空气的阻力减速，动能转变成热能，这就是所谓的气动热。当飞船以极高的速度在空气中运动时，前方的空气被飞船的迎风面压缩，形成一层温度极高的空气层，称为激波。速度越高，动能越大，被转化成的热也就越多，激波的温度也就越高。飞船在绕地球运行时的速度约为7.8千米/秒，这个速度是一般高速公路最大限制速度（100千米/小时）的280倍。一个如此高速进入大气层的飞船，其前方的激波温度可达8 000℃。在飞船其他表面上，由于与空气的摩擦，也会使紧贴飞船表面的一层空气“滞止”（这层空气从飞船上来看是静止的，从地面上来看是随飞船一起前进的）。由于飞船各表面与空气流动的相对位置不同，空气被“滞止”的程度不同，因而温度也不相同，最高处的温度也会接近8 000℃。

由此看来，当飞船完成轨道飞行任务，重新进入大气层时，前面有近8 000℃的高温激波，周围又被数千摄氏度的空气包围，如果不采用特别的措施予以防护，那它也会像流星一样，在穿越大气层时被烧毁，或者只剩下一些残骸。

2. 克服气动热的途径

飞船穿越大气层时，被数千摄氏度的高温空气包围，这是个不可回避的客观现实。但飞船内部的温度升高多少，主要取决于高温气流传入飞船内部的热量。

在航天技术的发展过程中，防热曾是解决卫星、飞船安全返回地面的一个关键技术。防热技术的最终突破是多学科共同努力的结果：空气动力学理论的发展，证明“钝头体”是减少气动热的理想外形；结构设计与传热理论相结合，构思出各种巧妙的防热结构形式，对返回舱进行热防护。

减少飞船表面气动热的首要途径是飞船要有合理的外形。

飞船返回舱外形是一种球－截锥组合体，前面是一个球冠，后面与一个倒向放置的锥段相连。再入大气层时前方直径大，后方直径小，形成一个钝头体。科学家早在20世纪50年代通过理论计算证明，包围着航天器的高温空气加给整个航天器表面的总热量与航天器前方的曲率半径的平方根成反比。所以，返回舱前面的大底越“钝”，传给飞船的热量就越小。理想情况下，气动热可减少为飞船动能的百分之一。减小气动热是飞船外形设计要考虑的一个重要因素。

即使如此，受热后返回舱结构的温度仍将高达900℃以上。这个温度已远远超过一般结构材料如铝合金、钛合金等所能承受的范围。因此，返回舱必须采取特殊的防热结构。

防热结构由承力结构和它外面的防热层组成。防热层在外界气动加热环境中会发生一系列物理和化学反应。设计人员经过巧妙设计，让防热层吸收掉大部分热量，使传入飞船承力结构的热量很小，最终使飞船内的温度不超过规定范围。总之，防热结构的功能就是防止返回舱在返回地面过程中发生过热和烧毁，保护舱内航天员的安全或设备的正常工作。

3. 飞船的哪些部位气动热最严重

飞船返回舱采用的是一种球－截锥组合体，采用这种外形可以减少飞船整个表面的气动热，但表面各处的气动热差别却很大：球冠部分在飞船飞行的正前方，对气流“滞止”的作用最强，这些地方的气动热也最多；由于动能大部分已被迎风面转变为热能了，锥体部分的气动热就明显减少了。由于气动热分布不同，表面温度的差别也较大。图5−1是飞船表面最高温度分布图，由此可以看出，飞行正前方温度最高，越向后温度越低。

根据飞船表面各部分的加热条件不同，可以进行

图5−1 飞船在再入大气层过程中表面最高温度分布图

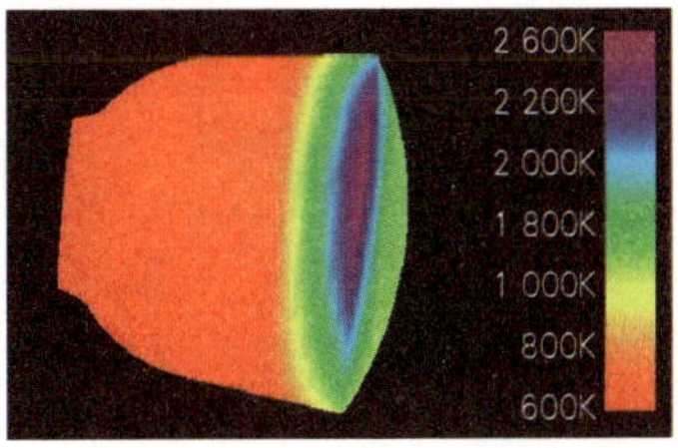

防热层优化设计。例如，飞船的迎风面加热条件苛刻，防热层就要相应厚一些；背风面热流小些，防热层则可轻巧一些。这种设计要求飞船再入时的姿态基本稳定。如果飞行姿态不稳，那么所有表面的防热层必须按可能出现的最严酷条件设计，这必然会增加防热层的质量。

4．载人航天器典型的防热形式

根据防热层的不同防热机理，可以把防热结构分成吸热、辐射和烧蚀三种形式。

（1）吸热防热结构

大家知道，物体吸收热量后温度会升高；物体的热容量越大，温度每升高一度所吸收的热量也就越多。吸热防热结构就是利用包覆在返回舱结构外面的防热层，吸收大部分气动热的一种防热方法。防热层采用热容量较大的材料，这层材料吸收返回舱表面的大部分气动热，从而使传入结构内部的热量减少。只要材料热容量足够大，就可使传入结构的热量很小，从而保持返回舱结构及舱内温度低于允许值。铍合金、铜和石墨是典型吸热材料。这种防热形式简单可靠但效率不高，是最原始的防热方法。早期飞行器就是简单地增加外蒙皮的厚度，或直接在受热严重的部位加上一大块铜或铜合金，来达到吸热防热目的。

（2）辐射防热结构

任何物体表面都会向外辐射热量，这种现象称为热辐射。辐射的热量与表面温度的四次方和表面的辐射系数成正比。辐射防热结构就是利用防热层表面的高辐射特性，主要以辐射散热方式将大部分气动热散发到舱外的一种防热形式。

辐射防热结构一般具有三个特性：表面有高辐射层；表面温度尽量高；表面层与航天器结构之间加隔热层。表面的高辐射和高温可增大向外的辐射热；隔热层则阻隔传入内部结构的热量。可重复使用是辐射防热结构的最大特点。

美国航天飞机所有表面层和水星号、双子星座号、阿波罗号飞船一部分表面层就是采用这种防热结构。

(3) 烧蚀防热结构

自然界有许多吸热现象：冬天冰雪融化时会感到天气特别寒冷；夏天可以用冰，有时甚至用干冰（固态二氧化碳）降温；人出汗时就会感到凉爽。这些都是一种物理现象，即材料从固体状态变成液体状态，或由液体状态变成气体状态，或由固体状态直接变为气体状态时都要吸热，所吸收的热量称为相变潜热。还有些不太为人们所注意的吸热现象，就是一些有机材料在受热后会发生分解，同时吸收热量，所吸收的热量称为分解潜热。

烧蚀防热结构就是利用防热层材料（烧蚀材料）受热后发生的一系列物理、化学过程吸收大量热量，来达到防热目的。烧蚀材料要经过特殊研制，材料的分解潜热和相变潜热越大，防热效率就越高。

在航天器结构外铺设一层烧蚀材料，就构成了烧蚀防热结构，它是形式最简单、性能最可靠的一种防热结构。简单、可靠是它的最大优点，不能重复使用则是它的突出缺点。目前，包括我国神舟号飞船在内的世界上所有不重复使用的载人飞船返回舱，全部或在部分气动加热严重的部位都采用了这种防热形式。

5. 美国航天飞机是怎样防热的

人们或许从电视或杂志上见到过美国的航天飞机，它表面覆盖着黑一块白一块的“盔甲”，这些就是航天飞机防热瓦。前面已经介绍了几种载人航天器典型的防热形式，航天飞机就是采用的辐射防热形式。

航天飞机机身采用铝合金结构，它的最高设计温度是175℃。根据再入时机身各处的加热环境，防热结构采用了以下4 种不同类型的防热瓦或防热毡：

1）碳纤维增强碳（RCC），主要用在机身的鼻锥帽、机翼前缘。使用的表面积约38平方米，总质量约1 698千克，使用处表面最高温度约1 260～1 650℃，表面呈黑色。

2）高温可重复使用表面隔热材料，俗称高温防热瓦（英文名称为High Temperature Reusable Surface Insulator，缩写为HRSI）。这种防热瓦用在温度648～1 260℃的表面，如机身中、前段和机翼的下表面。航天飞机再入时，以40°的攻角飞行，所以机身和机翼的下表面为迎风面，是鼻锥帽和翼前缘以外的最高热流区。防热瓦每块尺寸为152.4毫米见方，厚度依各处热流水平而不同，为19.5～64毫米，一共20 000余块，覆盖面积480平方米，总质量达4 413千克，由于表面经涂层处理，故呈灰黑色。

3）低温可重复使用表面隔热材料，俗称低温防热瓦（英文名称为Low Temperature Reusable Surface Insulator，缩写为LRSI）。这种防热瓦用在表面温度371～648℃的表面，如机身中、前段和机身的上表面。这些部位由于处在背风面，所以表面温度不高。防热瓦每块尺寸为203毫米见方，厚度随各处热流水平而变化。一共用了7 000块，覆盖面积255平方米，总质量1 014千克，经涂层处理表面呈白色。

4）柔性可重复使用表面隔热材料（英文名称为Flexible Reusable Surface Insulator，缩写为FRSI）。这种隔热材料是一种硅橡胶浸渍的芳香族聚酰胺（Nomex）毡，用在表面温度371℃以下的部位，如机身上表面和机翼上表面的后段以及机身两侧。每块尺寸远大于上述三种防热瓦，典型尺寸为长1 200毫米、宽900毫米、厚度为4.8～16毫米，使用面积333平方米，总质量约532千克。由于它是一种柔性的毡状物，所以像一块块棉被似地用常温固化硅橡胶（RTV560）粘贴在机身结构上。

图5－2表示出以上4种防热瓦（毡）在航天飞机上的分布。

以上几种防热瓦主要成分是一些疏松、轻质而呈脆性的陶瓷材料，如高温防热瓦密度仅为0.14～0.35克／立方厘米。由于其耐温高、隔热好、重量轻，高温下不发生物理和化学性能

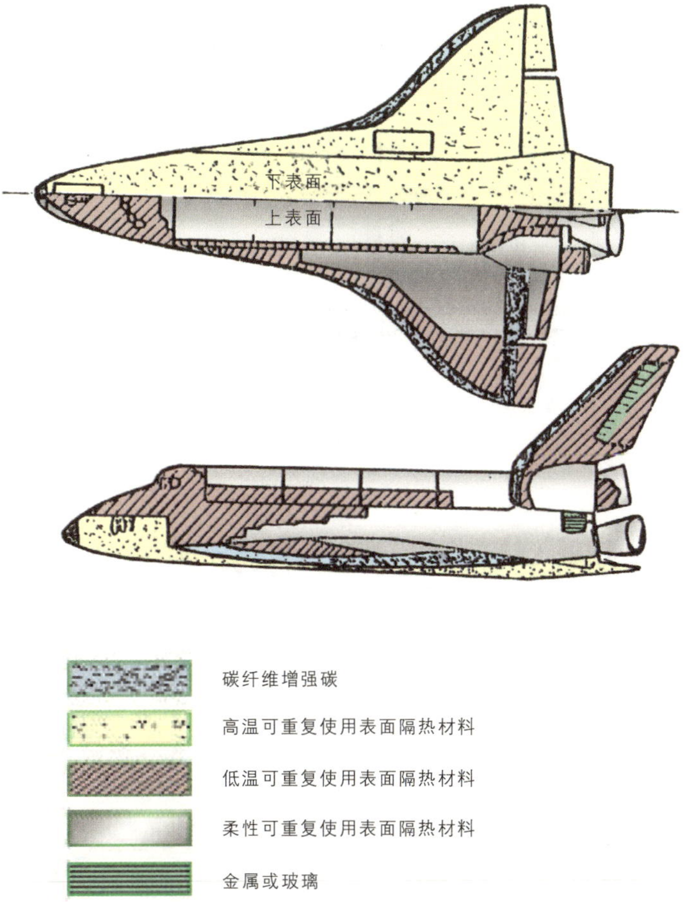

图 5-2 美国航天飞机轨道器防热瓦（毡）的分布

的破坏，可重复使用，用作航天飞机防热材料有其独特的优点。但是，为了防止它们受力破坏，如何连接就成了很大的困难。首先，防热瓦脆而疏松，不可能用机械的方法与结构本体连接，需要用一种胶层来连接；其次，防热瓦和铝合金结构的膨胀系数差别甚大，再入时两者有数百甚至上千摄氏度的温差，所以在防热瓦之间必须留有合适的伸缩缝，连接层也需要具有较大的弹性，以协调防热瓦与结构间的变形。这种连接形式虽然克服了防热瓦脆性破坏的难题，却留下了防热瓦容易脱落的隐患。航天飞机轨道器下表面的高温防热瓦的装配示意图见图 5－3。

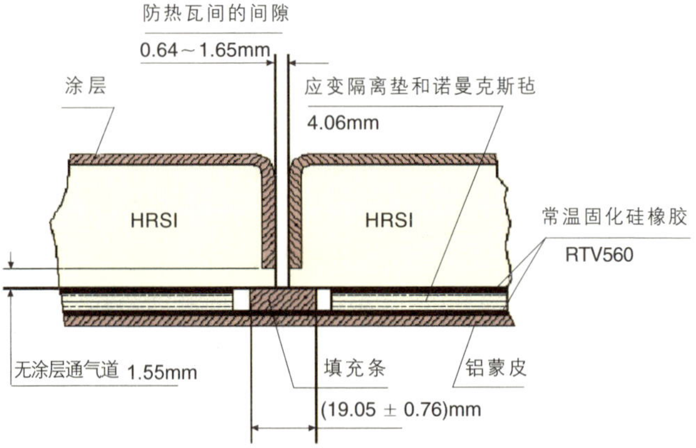

图5－3 航天飞机轨道器下表面高温防热瓦装配示意图

6．防热失效导致哥伦比亚号航天飞机失事

2003年2月1日，美国哥伦比亚号航天飞机在返回地面过程中解体，机上7名航天员全部遇难，成为16年前挑战者号航天飞机失事以来最大的一次航天事故。

美国航空航天局立即成立了哥伦比亚号事故调查委员会，成员包括诺贝尔奖获得者、美国斯坦福大学道格拉斯·奥谢罗夫教授等多位权威专家。调查委员会工作了数月，对整个飞行数据进行了详细的分析，查明了事故的原因。

根据航天飞机设计指标和多次飞行的实测数据，航天飞机在整个再入过程中，铝结构平均每分钟温升约1.2℃，但哥伦比亚号显示的数据却十分异常：再入第2秒时，航天飞机到达102千米高度，一般认为该处为气动加热开始阶段，此时尚看不出异常；第8秒时，虽然未进入高加热时段，但温度传感器已发现左机翼起落架温度异常升高，到第10秒时左机翼温度已上升了15℃；第13秒时，休斯敦任务控制中心失去温度传感器数据，根据机翼铝结构的最高设计温度为175℃推断，所用传感器量程不应在200℃以上，此现象说明结构温度已达175℃

以上；第15秒时哥伦比亚号在61千米高度，机长里克·赫斯本德与地面作了最后一次应答，便在一片噪声中失去联络，紧接着目击者和雷达发现哥伦比亚号解体为无数碎片。从以上数据不难看出，是左机翼上的防热瓦失效导致了航天飞机的最终解体。

那么，左机翼上的防热瓦如何会失效呢？这使人想起航天飞机起飞时曾发生过的一幕：它的左机翼前缘遭受外贮箱上脱落的一块泡沫塑料的撞击。根据起飞时的摄像记录（摄像机当时与航天飞机相距40千米），起飞后57秒从外贮箱上脱落了一块泡沫塑料，该泡沫塑料约0.76千克，长度不大于1米，厚6毫米，以20°攻角、700米/秒的速度撞击了左机翼前缘。同时，根据记录，当时的噪声水平高于正常值。

这样一次当时被认为无关紧要的“轻微”撞击，是否就是破坏防热瓦的罪魁祸首呢？事故调查委员会用地面试验复现了防热瓦被撞坏并最终导致机毁人亡的全过程。

按照上述起飞时撞击过程的参数（如泡沫塑料大小、撞击速度和角度等），以备用的航天飞机机翼作试验件，果然机翼前缘被撞出约25平方厘米的孔洞。再用等离子加热高温气流模拟再入气动热，试验结果表明，防热瓦很快从被撞坏处烧毁。机翼前缘防热瓦是一种碳纤维增强复合材料，破坏的过程是：材料基体碳首先破坏，然后碳纤维松散，最后整个部件破坏。地面试验完全复现了防热瓦被撞坏并导致防热失效的全过程。

事故调查委员会还进一步调查了泡沫塑料脱落的原因。这里简要介绍一下泡沫塑料存在的必要性和它的隐患。

航天飞机在发射时，中间最大圆柱体部分就是外贮箱，由液氧箱、液氢箱组成。外贮箱主要给航天飞机上的主发动机提供推进剂，航天飞机入轨前，外贮箱推进剂耗尽，箱体与航天飞机解锁自行降落，再入大气层时烧毁。

由于外贮箱内存放的是液氢、液氧。液氢、液氧存放的温度应分别低于 −253℃和 −183℃。箱内温度升高，会使液氢、液氧汽化，使贮箱内压增大而破坏贮箱。所以贮箱外要包覆一层绝热性极好的泡沫绝热材料。这层绝热材料一方面保持箱内低温，另一方面也使箱外表面温度不会过低，防止大气中的湿气在贮箱表面结冰。绝热泡沫材料脱落的主要原因在于它与贮箱的连接方式。这层绝热材料与贮箱外表面用胶层粘接，实际工程实施中，这么大面积的胶接面很难避免个别脱胶和胶层内存在气泡的现象。航天飞机发射后，在上升段逐步加速过程中，高速气流与表面的摩擦会使这层绝热材料温度升高，胶层内残留的气体因温度升高而膨胀，导致泡沫绝热层局部脱落。事故分析还确认了当时脱落的泡沫绝热材料正是位于外贮箱发射段表面温度较高的部位。

既然发射段贮箱外表面温度升高和胶层内的气泡都难以避免，泡沫绝热层的脱落问题也就难以杜绝。事实上，2003年哥伦比亚号失事后公布的一个报道说，美国一个研究小组跟踪了10年航天飞机防热瓦的损伤记录，结果表明，航天飞机每次飞行后都有多处防热瓦损伤，平均损伤部位达25处。

7．“舍车保帅”
——烧蚀防热结构

见过返回后的神舟号飞船返回舱的读者，一定对那被烧得乌黑的表面有深刻的印象。飞船表面被烧的正是一种特种材料层，称为烧蚀防热层，它们覆盖在飞船表面，在返回过程中“牺牲”了自己，保护了飞船，使舱内的航天员、结构和仪器设备免遭损伤。那么烧蚀防热层是如何起防热作用的呢?

前面讲过，物体状态发生变化时的吸热称为相变吸热。同样，物质在发生某些化学反应时也会有吸热效果，这种反应称为吸热反应。材料的这种相变和化学反应，在航天器防热专业中称作“烧蚀”。

烧蚀防热层一般由橡胶或树脂之类的有机化合物等采用特殊工艺制成。在再入的热环境中发生烧蚀时，会发生一系列物理、化学反应。在此过程中，材料质量发生损耗，但吸收了气动热。这种材料温度升高后会发生被称为热解的反应。

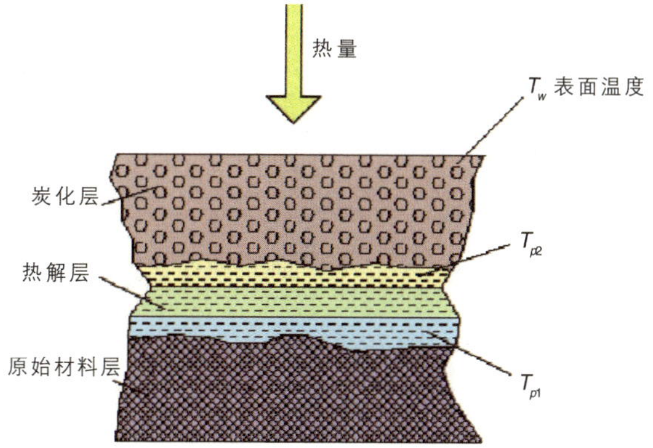

图5—4 烧蚀材料剖面分层

图 5－4 说明了烧蚀防热的机理。图中 T_{p1} 为材料受热后开始热解的温度，T_{p2} 为材料完全热解形成炭层的温度。烧蚀材料从开始受热到发生烧蚀的全过程大致如下：烧蚀防热层表面加热后，烧蚀材料表面温度升高，温升过程中依靠材料本身的热容吸收一部分热量，同时向内部通过固体传导方式导入一部分热量。只要表面温度低于 T_{p1}，上述状态就会继续下去，此时整个防热层以本身的温度升高来吸收热量。随着加热继续进行，表面温度升高到 T_{p1} 时，材料开始热解，热解有两种产物，即气体产物（如甲烷、乙烯、氢等）和固体产物（炭）。这个过程中会产生一些重要的吸热现象——材料热解的吸热以及热解产生的固体和气体产物温度升高时的吸热。热解产生的固体表面，还以辐射的方式继续向外界散热。随着飞船再入大气层后气动加热的积累，烧蚀防热层的炭化层厚度从最初的零值逐步增加。

8. 神舟号飞船的观察窗是怎样防热与密封的

载人飞船的舷窗是航天员在飞行轨道上观察太空和地球，在返回段观察舱外状况所必备的视觉窗口，要求舷窗具有高的透光率并且无畸变。同时，舷窗也是飞船舱壁的一部分，舷窗结构的密封性能和防热极为重要：如果密封失效，航天员就会失去正常大气压的生存环境；如果防热失效，再入大气层时，从窗口窜入的极高温气体就会造成船毁人亡。

众所周知，绝大部分材料只能在常温或不太高的温度下才能维持优良的密封性能，而飞船却要求舷窗同时实现防热与密封。飞船研制者们采用多层窗玻璃形式，并结合合理的结构设计，解决了高温密封难题。

图5-5为舷窗结构示意图。窗口采用三层玻璃：最外层是高温防热玻璃，这层玻璃无密封要求，专门用以防热；内两层则采用钢化玻璃，同时承压和密封。这种结构形式特点如下：

1）防热玻璃与密封玻璃分开，避开了高温密封的难点；

2）内两层玻璃经适当的隔热，已接近中温和常温，因而比较易于实现密封；

3）单层玻璃的承压能力按飞船舱内正常大气压设计，双层玻璃保证了承压与密封的冗余设计，即双层玻璃中任一层损坏时，另一层玻璃仍可以正常工作，这就提高了密封的可靠性。

以上设计方案需经过结构的细节设计，才能获得预期效果：防热玻璃和周围防热材料要通过各种烧蚀试验筛选出来；各部分的温度则要用复杂结构温度场的分析程序进行计算，才能确定三层玻璃、密封件和其他部件的工作温度和尺寸。

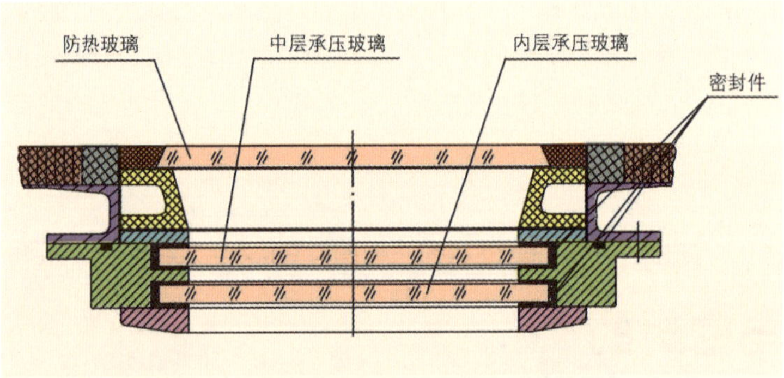

图5-5 舷窗结构示意图

9. 神舟号飞船防热结构要作哪些地面试验

防热结构在为返回舱提供气动热防护的同时，又需承受各种飞行环境的考验。如飞行各阶段的过载、冲击、噪声、振动等力学环境；在轨道运行段，主要是高低温交变及真空、辐射环境；再入大气层时，主要是气动加热以及与之相应的气动力环境。飞船研制过程中，需要对防热结构进行严格的地面试验，以考核结构能否经受各种飞行环境，是否具有设计所预期的性能。

防热结构除了要与飞船一起进行各种常规环境试验外，还要进行针对防热结构的特殊试验，包括材料烧蚀性能研究及材料筛选试验、防热结构匹配试验、防热结构的再入气动加热模拟试验。

材料烧蚀性能研究及材料筛选试验，用以比较和分析不同烧蚀材料的烧蚀性能和隔热性能，为选择烧蚀材料和防热设计提供依据；防热结构匹配试验，用于考核烧蚀材料抗高温气流冲刷的能力，研究和判定防热层上两种以上烧蚀材料连接处的烧蚀匹配性能；防热结构的再入气动加热模拟试验，是在规定的热环境下测试防热结构部件内的温度分布和结构特性，研究和判定该部件的防热和结构性能，鉴定防热结构性能最重要，也是最终的手段。

上述试验都需要在一种能够模拟再入高温的环境中进行。目前，可以做这类试验的大型加热装置有以下三类：

1）石英灯辐射加热器。辐射加热器是用成排的石英灯，依靠灯源的辐射加热方法对试件表面进行加热。

2）燃气加热风洞。使用化学燃料燃烧产生的高温气流作为工质对试件表面进行加热，它既可以产生实际飞行的气流状态，又可以对试验件进行加热。这种加热模拟器试验段尺寸很大，加热功率极高，完全可以进行防热结构全尺寸试验件的再入模拟试验。美国航空航天局兰利研究中心的热结构风洞就是这种装置的典型例子。

3）等离子体电弧风洞。利用等离子体电弧加热气体，使气流通过喷管产生亚声速或高超声速高温气流，模拟飞船再入的气动加热。这是一种较理想的再入模拟方法，它能比其他设备模拟更多的再入加热参数。因此，等离子体电弧加热烧蚀风洞是解决防热结构各种问题的主要试验手段。

以上几种试验设备都十分庞大，需要耗费大量的电力（如功率高达50～100兆瓦），设备的运行和测量也很复杂。国际上一般认为，拥有这类大型地面模拟设备并掌握它的运行、试验技术，是具有载人航天器研制能力的重要标志之一。

第六章 飞船的环境控制与生命保障

太空环境极为严酷，完全不适合人类生存。为了确保航天员在整个飞行过程中安全工作和生活，必须在飞船内创造一个适于人生存的基本环境，并提供必需的生活支持设施。

这样的功能，主要由环境控制与生命保障系统实现。

1. 环控生保分系统的功能和组成

太空环境极为严酷，完全不适合人类生存。为了确保航天员在整个飞行过程中安全地工作和生活，必须在飞船内部创造一个适于人生存的基本环境，并提供必需的生活支持保障。这样的功能，主要由飞船环境控制与生命保障分系统（简称环控生保分系统）予以实现。很显然，环控生保分系统直接关系到航天员生命的安全，是载人飞船最具载人航天特征的一个重要分系统，也是载人航天的关键技术之一。

环控生保分系统有两大功能。其一是环境控制功能，实现载人飞船座舱的内环境控制，即座舱大气总压、气体成分(包括有害气体排除)、大气温度和大气湿度控制，以及座舱的烟火检测与灭火；其二是生命保障功能，为航天员提供各种生活支持设施，解决空间飞行条件下，特别是微重力（即失重）条件下航天员的进食、饮水和处理个人卫生所遇到的特殊困难，保证人的正常生活。环控生保分系统一般由如下9 个主要的子系统组成（图6−1）：

1）供气调压子系统。提供足量的氧、氮气体；在测量控制子系统的协同下，根据需要及时向座舱提供氧气或氮气，控制座舱大气总压、氧分压，并使舱压变化速率保持在规定的范围内。

2）通风净化子系统。控制座舱大气的二氧化碳和其他微量

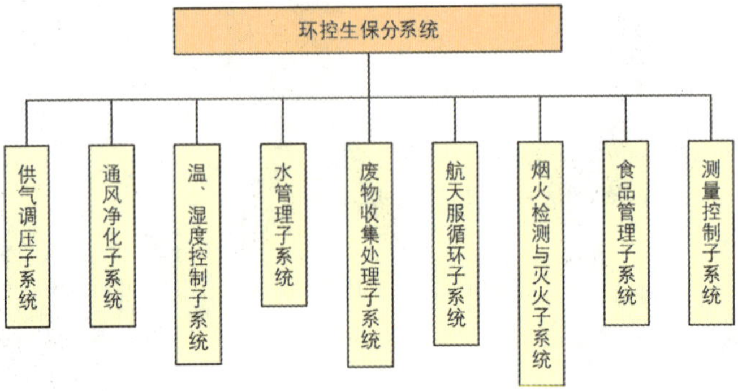

图6−1 飞船环境控制与生命保障分系统的组成

有害物质的浓度；保持舱内气体有一定的流动速度，造成失重条件下的强迫对流，使舱内特别是航天员活动范围内的气体成分、温度和相对湿度保持均匀。

3）温、湿度控制子系统。控制飞船座舱的温度和相对湿度，保障人和舱内设备所需的温、湿度环境。

4）水管理子系统。为航天员贮存足够的饮用水，提供饮水装置和加热手段；收集、贮存和处理温、湿度控制子系统生成的冷凝水；对于长期飞行，还须为航天员提供卫生用水，并对使用后的废水进行回收和处理。

5）废物收集处理子系统。收集处理航天员的生理废弃物（大、小便，呕吐物）和日常生活中的其他废弃物，如食品残渣、包装物、个人卫生用品等；消除航天员大小便时排出的臭气，抑制对舱内环境的污染，为航天员创造一个卫生的环境。

6）航天服循环子系统。它是座舱环控生保功能的一种安全冗余，飞行过程中一旦发生座舱失压等紧急情况，它将与舱内航天服配合，迅速转入应急工况，为航天员实施紧急供氧，以便飞船择机应急返回，确保航天员的生命安全。

7）烟火检测与灭火子系统。监测飞船座舱可能出现的烟火异常情况，及时发出报警信号；为航天员提供必要的灭火装置，抑灭出现的火情，设置相应的灭火后处理措施。

8）食品管理子系统。为航天员提供特殊制作的航天食品和支持设备，实现食品的加热、复水和食品残渣的收集。

9）测量控制子系统。实现对于环控生保分系统各类参数的测量、显示、记录、储存、遥测发送，并按设定的工作模式实施系统的实时控制；在环控生保分系统出现故障时，实现故障的检测和报警，自动或在航天员参与下进入故障排除程序。

以上各子系统是载人飞船环控生保分系统的基本配置。对于大型空间站和未来星际飞船等长期载人飞行的航天器，为降低运行成本，减少货运支持，适应航天员长期在轨生存与工作的需要，将发展再生式的环控生保技术，实现氧气、水乃至食品的部分再生使用。

2. 座舱大气总压和氧分压控制

人的呼吸离不开氧气，地面大气的主要成分是氧气和氮气。按体积算，大气中氮气占78.09%，氧气占20.95%，海拔高度为零时，大气总压为101.31千帕，氧分压约21.2千帕。大气总压和氧分压是直接关系人体健康和安全的两个参数，超过一定的范围，就会造成人体不适，甚至威胁人的生命。因此，这两个参数也是载人飞船座舱环控生保分系统控制的重点。

美国早期载人航天器的载人舱采用了约为三分之一大气压的纯氧体制，这样做系统简单、重量较轻，舱体结构强度易于保证，但由于不同于人在地面习惯的大气体制，人体长期呼吸纯氧对健康不利，且纯氧体制增加了舱内环境的不安全因素。苏联(俄罗斯)从东方号飞船起就一直沿用接近正常大气配比的氧氮混合气（总压94.7～113.3千帕，氧分压19～30千帕），显然，这种舱压体制更接近人在地面的正常生活环境，也更有利于安全。这样的座舱大气体制已成为国际航天界的共识，并为各国载人航天器所采用。我国神舟号飞船座舱采用的就是氧、氮双组元气体，总压控制在91 ± 10千帕，氧分压20～26千帕。氧气供人呼吸，氮气除作为座舱大气的主要成分外，还用作座舱结构泄漏的补充，以及用于出舱活动或其他应急情况下座舱失压后的复压。

气体总压和氧分压的控制主要由环控生保分系统的供气调压子系统完成。该系统由气源组件、减压组件、供气开关组件、排气调压组件以及总压和氧分压传感器等构成。

作为氧、氮双组元气体的压力控制，一般遵循“先氧后氮”的原则，优先检测和保证座舱大气氧分压。具体实施的控制模式依据不同的系统硬件配置进行设计。基本控制逻辑如下：正常轨道运行时，当舱内氧分压低于控制下限时，供气组件的供氧电磁阀按控制指令开启供氧；氧分压达到控制上限时自动关闭。当舱内总压低于控制下限时，首先检查氧分压，若未达到控制上限，则优先按指令供氧，氧分压达到控制上限后自动关闭。若此时总压仍低于控制下限，则供气组件的供氮电磁阀按指令开启供氮，当总压恢复至控制上限时，供氮电磁阀自动关闭。

机械式的排气调节器用于舱压的上限保护，当座舱总压达到该调节器设置的控制上限值时将自动打开排气，舱压降至该调节器设置的控制下限值时自动关闭。为保证安全，舱压控制上限之上还设置了一个安全上限。当总压高于安全上限而排气调节器未能正常工作，或虽工作仍不能满足要求时，排气组件的排气电磁阀将按指令开启排气，以保证舱压在安全范围内。总压回落至控制上限时，该阀自动关闭。若因故障造成舱压持续下降并达到应急舱压限值时，系统将转入应急工况，并通过短时间大流量供气，减缓舱压的下降速度，为航天员穿着航天服并启动航天服循环系统提供足够的时间。这段时间一般不应小于10分钟。

座舱大气总压和氧分压是对人的生命安全至关重要的两个参数，因此，重要功能部件都采取了备份或冗余设计，确保系统工作的安全可靠。

3. 飞船座舱的通风净化

飞船座舱通风是保障座舱大气降温、除湿、气体净化和保持舱内一定风场的重要手段。尤其在轨道飞行的微重力条件下，气体的热对流作用极大削弱，必须利用座舱风扇进行通风，造成座舱大气的强迫对流，使座舱内的大气温度、湿度、气体成分等均匀分布，提高座舱大气的质量。同时，通过风场和气体流速的合理设计，确保航天员活动区，特别是头部有一定的风速，这对于保证航天员的呼吸质量，提高航天员的体表散热效率，增加舒适度是十分重要的。航天员周围的风速一般应为0.3~0.8米/秒 。

清洁空气是航天员必不可少的。飞船座舱大气的污染主要来自航天员自身和舱内非金属材料或仪器设备的挥发物。国外从座舱中检测出的各种污染物有300多种，涉及各类化合物，但绝大多数浓度都非常低。一般被列入重点清除的大气污染物有

20 多种。就舱内有害气体允许浓度的标准而言，空间站要比飞船或航天飞机严格得多，因为空间站在轨运行周期长。

飞船座舱内有害物质的量虽然很少，但长期生活在这样的环境中，对人体健康同样是不利的，必须加以控制。常用的去除微量有害气体或有害物质的方法有三种：吸附、催化和过滤。根据微量污染物的种类、性质及其控制要求的不同，可采用不同的净化措施。

二氧化碳是座舱大气中最多的有害气体，主要来自于人体的呼吸代谢。一个人平均一天吸入氧气约576 升（标准状态），产出二氧化碳约490 升（标准状态）。如不采取有效措施，舱内二氧化碳浓度将迅速上升并危及人的健康与安全。通常要求，舱内二氧化碳分压不得大于1 千帕，达到2 千帕则应报警。显然，二氧化碳是座舱大气净化的重点。

神舟号飞船飞行周期不长，采用的是非再生式二氧化碳净化方案，利用无水氢氧化锂（LiOH）作为座舱二氧化碳的净化剂。净化罐采用流阻小、反应效率较高的径向流通模式。通过专用风机将座舱大气引入净化罐，无水LiOH 首先吸收气流中的水汽，生成氢氧化锂的水化物，而后与二氧化碳反应生成Li_2CO_3和H_2O，并放出热量，净化后的空气重新流回座舱。净化罐的数量按飞行任务的人天数配置，使用中由航天员进行切换。净化风机是净化装置正常工作的关键，为提高其可靠性，采用了双风机方案，一旦主风机出现故障，即能自动切换到副风机工作状态（图6–2）。

以高效活性炭为吸附剂吸收舱内臭气和碳氢化合物类微量

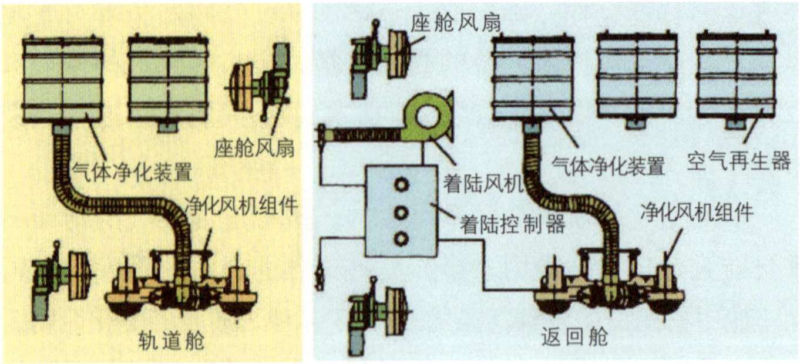

图6–2 飞船座舱二氧化碳净化组件及座舱通风风机

有害气体，是载人航天器上用得最多的方法，尤其适合于飞船这类短期飞行的航天器。一般将高效活性炭和少量常温催化剂组合设置于二氧化碳净化罐内，形成组合式的净化装置，在清除二氧化碳的同时也清除微量有害物。另外，还在废物收集系统中专门配置了以高效活性炭为主要吸附剂的除臭罐，用以消除大、小便时产生的臭气，并杀灭细菌。

对于CO、CH_4、C_2H_2等低沸点化合物和H_2的去除，活性碳就显得无能为力了。在长期飞行的空间站中，这类微量气体是不容忽视的，清除它们的有效方法是催化燃烧。和平号空间站就装备了这类催化装置。

过滤是消除座舱大气中微尘和气溶胶等有害物质的有效手段，除了在净化通风管路和净化罐中加设过滤材料外，空间站舱室中还专门装备了特殊设计的过滤装置。过滤材料有超细玻璃纤维或合成纤维构成的紧密过滤纸、无纺布等，均具有良好的过滤能力。

4. 飞船座舱怎样实现“排热除湿”

飞船座舱排热除湿的功能是由环控生保分系统的温湿度控制子系统实现的。

飞船座舱大气中的热量主要来自于人体的代谢热和仪器设备工作时产生的热，其中人体代谢热约占50%。人的活动状态和心理状态不同，产热量波动较大，这也是载人飞行的一个特点。座舱舱壁应该具有良好的绝热性能，以尽量减少舱壁的漏热，提高舱温控制的效果。舱温控制的目标是维持舱内合适的温度，保障航天员的健康，保证仪器设备正常工作，并将多余的热量集中起来排除到舱外。

座舱大气的湿度控制同样很重要。舱内大气中的水汽主要来自于人及与人的活动相关的设施，这也是载人航天器与无人航天器的不同之处。来自于人体的水汽，一是呼吸，二是体表蒸发，这两项加起来，平均每人每天的排湿量约1 800克。此外，饮水和个人卫生活动中，也不可避免地要向舱内挥发少量水汽。

这些挥发到座舱中的水汽必须及时收集处理，否则座舱大气的湿度会很快升高，水蒸气冷凝成水，不仅影响航天员健康，还会带来严重的安全问题。

载人航天器座舱温湿度控制的主要任务就是“排热去湿”，“排热”与“去湿”这两个功能可以包含在“降温除湿”这一物理过程之中，在技术实现上是紧密相关的。以神舟号飞船为例，冷凝干燥器组件是飞船温湿度控制系统实现降温除湿的重要功能组件。它由风机、风量调节器、冷凝热交换器、冷凝水分离和收集器等组成，与电动泵（或手动泵）、冷凝水贮箱等配套，组成了一套集座舱大气降温、水汽冷凝、气－水分离及冷凝水收集于一体的完整系统。风机将座舱内的空气抽入冷凝干燥器组件，相对湿热的空气与冷却回路中的冷却液通过换热面进行热交换；降低到露点温度以下的水汽冷凝成水，被特殊的多孔吸水材料吸收并被导向水收集器；降温除湿后相对干冷的空气返回座舱大气。在这一过程中，既收集了座舱大气中多余的湿热和多余水汽的潜热，又使多余的水汽冷凝成水。收集起来的多余热量被冷却工质带到座舱热交换器，并由热交换器的冷边回路传递到空间辐射器散发至空间。冷凝干燥器的风量调节器用于调节进口风量。当舱内温度和湿度偏高时，航天员可手动旋转风量调节器手柄，增大进入冷凝干燥器的风量，从而提高设备的降温除湿能力，降低舱内大气的温度和湿度。反之，调小风量，舱温将逐渐回升。

5. 航天员的饮食保障

飞船在轨飞行时，处于微重力的特殊环境中，也就是处于失重状态。失重状态下，飞船内的人和物体如果没有约束，就会在舱内漂浮起来。例如，由于处于失重状态，水和空气之间就不可能存在一个稳定的分离面，水不可能像在地面正常重力条件下那样安分地驻留在普通的水杯之中，航天员更不能用通常喝水的方式举杯畅饮。因为这时稍有扰动，水就会从杯中漂逸出来，形成水球漂浮在舱内，或分裂成许多小水球，弥散在空气中。这不仅会影响航天员的呼吸，还会对舱内的仪器、设备造成危害，带来人和设备的安全性问题。食品管理不当也会四处漂浮。食品不能采用地面的方法进行烹饪。用餐时不能将食品盛放在地面使用的盆碗碟盘之中，也不能完全用地面习惯的方式进食。否则，不仅会发生令人可笑甚至令人尴尬的事情，更会造成安全隐患。

为了保障失重条件下航天员的饮水和进食，环控生保分系统中设置了水管理和食品管理两个子系统，配备了航天员专用的饮水装置和供食保障装置。

考虑到失重因素的影响，航天员饮用水的贮存和供给主要解决水、气的隔离和供水的安全可靠性问题。增压式水箱是一种常用的方案。水箱中间用无毒的柔性隔膜分成两个部分，一边贮水，一边为增压气室。采用手动式增压泵或具有一定压力的稳压气体对水箱的气室部分增压，推动隔膜实现强迫供水，保证微重力条件下水的定向流动。水箱出口端连着供水组件，供水组件可以按照预置的分档实现每次饮水的定量供给，还可以根据需要进行水的加热。需要时，航天员只要打开手控开关，选定好饮水量，就可以通过饮水接嘴喝水了，使用起来既方便又安全。供水组件还具有水质保鲜的功能，常用的是银离子保鲜法。

供食保障装置，包括食品的复水装置、加热装置、食品残渣收集器以及便于失重条件下使用并可以固定的餐具等。空间站上还为航天员提供餐桌、冷藏箱等设施，以提高航天员长期在轨生活的质量。

航天食品是专门研制的。航天食品，顾名思义，就是在航天活动中的专用食品。由于特殊的使用对象和使用环境，决定了航天食品具有如下基本特点：

1）具有维持航天员健康和高效工作能力所需的较高热量和各种丰富的营养素，且相对来说重量轻、体积小。

2）食品形态、保鲜能力、包装等能经受得住航天环境例行试验的考核，符合航天运输、储存条件。

3）便于失重条件下的食用。卫生、安全、口感好、可接受性好，消化后残渣量少。

4）用于长期太空飞行的航天食品，应具有一定药疗保健效能，有利于失重、空间辐射条件下航天员健康的维护。

早期的航天食品比较简单，品种也很单调。多数食品被做成高度浓缩、能吸食的流食或糊状食品，封装在一端带有进食吸管的塑料袋或类似于牙膏包装袋的软管中。航天员采用挤压的方式进食。由于糊状食品仅考虑了营养需求和食用简单，忽略了食品的“色、香、味、形”，得不到饮食带来的心理和感观享受，因此不太受欢迎。

随着技术的发展以及长期载人航天活动对于食品要求的提高，航天食品加工工艺、品种、质量都有了显著的改善。现有航天食品的品种十分丰富，按不同的使用要求可分为食谱食品、储备食品、压力应急食品、舱外活动食品、救生食品等；按照加工方式和储藏方法不同，可分为复水食品、热稳定食品、辐照食品、中水分食品、自然型食品等十余个品种。加上特制的调味品和保健食品，各类食品的细分品种就更丰富了。

6. 航天员的生理废弃物如何处理

人体的生理废弃物指的是尿、粪便和呕吐物。一人一天平均排出尿液约1.6千克， 粪便约0.2千克，尿与粪便的收集和处理是废物收集处理子系统的主要任务。

失重条件下，尿和粪便不会像在地面那样自然地向低处流动，如果没有一套保障设施的支持，事情就可能变得很困难，甚至会弄得很狼狈。这套保障设施称为“大、小便收集装置”，它是废物收集与处理子系统的重要功能组件。

为了保障失重条件下顺利排尿并实现尿的收集，有效的办法是采用气流导向和传送。使用前，启动专用风机将座舱内的空气抽入尿收集器，在排尿期间空气携带尿液，使尿液和气体形成液气混合流，经过软管输送到尿液收集贮箱。贮箱内充填毛细吸水材料，气液混合流流经贮箱，尿液被毛细吸水材料吸收而滞留于箱内，气体被分离出来后进入特制的过滤器，除去臭味并进行消毒后重新流回座舱。有的载人航天器在回路中设计专门的气液分离器，将尿液分离出来后送入贮箱。

粪便的收集处理，较为简单的方法是利用透气不透水材料制作的一次性粪便收集袋。收集袋袋内备有少量防腐剂，袋口有弹性松紧带，使用时张开松紧口使之固定在便器的开口端。便器内桶的桶底开有一系列小孔，使用时通过与外桶相连的抽气管路抽气，在收集袋内形成一定的负压，便于失重条件下粪便的收集，也减少了臭气的外溢。使用完毕撤出收集袋时，袋口自动收紧，然后将盛有粪便的收集袋置于外包装袋，投入特设的封闭性良好的废物箱。该方法简单易行，体积不大、功耗小，适用于短期飞行的航天器。

呕吐物一般被收集于专用的呕吐袋，保存于废物箱内，也可投入组合便器内。

为适应空间站这样的大型航天器多乘员长期飞行的需要，逐渐形成了“空间厕所”的设计概念，其要点如下：

1）尿收集器与粪便收集器一体化设计，形成组合式的大小便收集装置，根据飞行任务的周期和乘员数量确定设计容量。

2）基本结构设计应适应男性、女性航天员通用，考虑到生理结构的不同，在男性、女性小便收集器的设计和使用上有所区别；人机界面的设计尽量接近地面使用习惯，便器结构、使用姿势和方法等都与地面状态类似。

3）尿与粪便分别收集和储存，尿液集中后作再生处理，粪便收集后利用舱外真空环境进行压缩干燥处理，并严格消毒。

4）半自动操作，摒弃人工处理环节。

7. 座舱失压时怎样保障航天员的安全

飞船座舱失压是一种十分严重的故障状态，直接威胁航天员的生命安全。飞船内专为航天员配备了一种特殊的个人防护装置，即舱内航天服（图6－3）。舱内航天服与环控生保分系统的供气调压、航天服循环等子系统配套，构成了飞船座舱压力

图6－3　舱内航天服

和大气控制的安全冗余。一旦座舱失压，可为航天员提供有效的安全保障（图6－4）。

中国航天员使用的舱内航天服，采用头部与躯干肢体连为一体的“软式”服装结构和开放式的通风供氧方式，由压力服、航天头盔、航天手套、压力调节器、压力表、应急供氧与通风管路、生理测试与通信电缆等组成。压力服是舱内航天服的主体，内层是气密层，维持压力工作状态下的服装气密性；外层为限制层，承受服装余压，并保持供氧加压状态时航天服的拟人形态。

在飞船飞行过程中相对的事故高发段（通常包括飞船入轨前的发射段、飞船进入返回程序到返回舱着陆的返回段，以及飞船实施变轨和交会对接的飞行时段），航天员应该穿着舱内航天服坐在航天座椅上，系好束缚带，连接好通风和应急供氧管路，实现与环控生保分系统的衔接；连接好生理测试和通信电缆，实现与舱载医监设备的衔接；带上航天手套、关闭面窗并完成

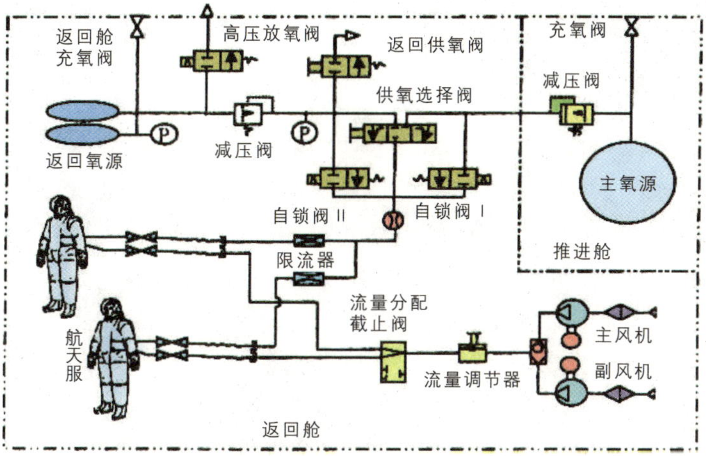

图 6－4 航天服循环子系统组成图

航天服的气密性检查，使航天服处于完好的工作准备状态。此时，通过服装风机给航天服内通风换气，一旦发生压力应急，航天服系统会自动转入应急工作模式。

在轨道飞行期间，航天员穿着的是舱内工作服。一旦出现紧急情况，航天员应迅速换上舱内航天服，并完成一系列准备工作（图6－5）。举例来说，假设飞船出现泄漏，导致座舱失压，舱内压力持续下降，并出现了舱压下限报警，航天员必须尽快转入飞船的压力应急工况。从舱压报警起，航天员就要按照“压力应急故障处理程序”要求，迅速穿上舱内航天服，进行必要的现场撤收和管理，进入返回舱。然后，关闭轨道舱与返回舱之间的气密舱门，就坐于航天员座椅上，在舱压下降到54千帕之前，完成上面的一整套准备工作。舱压下降到54千帕时，应急供氧管路自动接通，以每分钟21升的流量为航天员输送纯氧，并维持航天服内部约40千帕的工作压力。氧气从应急供氧管路进入服装，主要部分被导向头盔和航天员面部，保证航天员呼吸，多余氧气从胸前的压力调节器排出，同时带走航天员呼出的二氧化碳和服装内的废热。此过程可以维持6小时，这6个小时足以保证飞船择机返回地面。

航天服与环控生保分系统协同实现的压力应急功能，应在地面“压力应急模拟试验舱”进行反复的试验验证，并完成1∶1的真人试验；压力应急飞行处理程序应写入航天员的飞行手

图6－5 神舟号飞船的舱内工作服（左）与舱内航天服（右）

册；航天员应熟知该程序的内容和要求，在地面经过反复训练，并在压力应急模拟试验舱进行真实工况下的演练。

为了确保航天员安全，这样的设计、试验和训练是完全必要的。

知识链接

未穿舱内航天服，联盟11号飞船3名航天员不幸遇难

1971年6月29日21时，苏联航天员格奥尔基·多布罗沃斯基、弗拉基斯拉夫·沃尔科夫和维克多·帕萨耶夫结束了在礼炮1号空间站23天18小时的工作，乘坐联盟11号飞船离开空间站返回。4个多小时后，飞船返回舱进入大气层，成功打开降落伞并于指定地点着陆。但是，当地面回收人员打开返回舱舱门时，发现3名航天员都已遇难。

事故分析报告表明，飞船返回舱设有一个平衡阀，按照设计，该平衡阀应该在返回舱下降到低空、舱外大气压达到一定值时才开启，用以平衡返回舱内外压力。但联盟11号飞船返回舱与轨道舱分离时，由于瞬间的冲击震动，导致平衡阀提前开启，这时舱外大气极其稀薄，座舱内的气体很快通过该阀门泄漏出去。航天员在这种近乎“爆炸减压”的情况下，在很短的时间内就失去了生命。如果航天员当时穿着舱内航天服的话，悲剧是可以避免的。遗憾的是，联盟11号飞船原设计为两名乘员，增加一名乘员后，舱内空间显得格外拥挤，为此有关部门作出了航天员不着舱内航天服的冒险决定。事实是无情的，这个错误的决策使3名航天员付出了生命，苏联也不得不延迟了原来的航天计划。事故发生后，联盟号飞船的设计作了重大调整，并重新作出返回时航天员必须穿舱内航天服的规定。

8. 座舱内如何进行烟火检测及灭火

载人航天器座舱一旦出现火情，后果将会十分严重。国外载人航天器在地面或飞行中都有着火的案例，教训非常深刻。座舱防火应从两方面入手。第一，预防。各国航天界都制定了相应的防火安全设计原则和规范，将防火安全纳入航天器的顶层设计，包括可燃物控制、可能性火源控制和阻燃设计等。第二，设置座舱烟火检测和灭火子系统，以及时发现火情，并提供相应的灭火手段。由于微重力条件下火情的发生、发展、烟火的检测及扑灭规律与地面正常重力条件下很不一样，因此，座舱的烟火检测和防火灭火技术必须充分考虑微重力这个因素。

目前，载人航天器采用的烟火检测传感器包括离子型或光电型烟探测器，红外或紫外型火焰探测器，差定温式热探测器(差定温式热探测器是一种在规定时间内的温升超过某一值即报警，而且温度超过某一限值时也会报警的探测器）等，传感器主要对与火情相关的烟、光和热比较敏感。此外，一些舱载设备所配置的检测传感器，如对局部过热敏感的温度传感器，也可作为火情信息源加以综合判断。在微重力条件下，由于缺乏自然对流，火情通常局限在一个较小的区域或者呈阴燃方式，除热辐射探测器外，其他类型探测器的响应可能因此而变得迟缓，所以探测器的布放位置应考虑周围的通风条件。另外，由于微重力条件下没有浮力形成的热羽流，热探测器应尽量接近重点火情监测区。

座舱是一个狭小的密闭空间，灭火措施既要保证及时抑制火情，又不能因灭火而进一步恶化舱内环境，危及人员健康，也不能对重要设备造成破坏。航天员饮水装置早期曾作为灭火装置使用，但只能对很小的火情起作用，且后期处理也很麻烦。目前，短期飞行的载人航天器，采用的多是飞机座舱所用的Halon1301或类似材料的灭火剂。这种灭火剂具有较高的灭火效率，但在灭火后可能产生少量有毒物质，灭火后要加以处理。

多舱段的大型载人航天器（如空间站），可临时将发生火情

图6-6　佩戴防毒面具的航天员

的舱段封闭，采用分布式的CO_2管路向该舱排放CO_2，抑制和扑灭火情。座舱紧急减压，也是一种可以考虑的灭火方案，但必须与舱内航天服及座舱压力应急系统等协同工作，需要非常谨慎。座舱减压方案也可用来去除灭火后座舱内的有害气体，通过有控制的座舱泄压排除污染的空气。

在火情发生和灭火过程中，为了避免航天员吸入烟雾和有害气体，座舱内还配备了特制的呼吸防护面具(图6-6)，以备急需。

知识链接

和平号空间站失火，扑灭及时有惊无险

1997年2月23日，莫斯科时间22时35分，俄罗斯和平号空间站突然发生了一次危险的火情，幸好处置及时，未导致更严重的后果。

事故源于一个被称为“氧烛”的设备。这是一个一次性使用的化学产氧装置，用作空间站主氧源的备份，在需要时为座舱补充供氧。一个氧烛一次性工作20分钟左右，释放的氧气能满足一个人一昼夜的呼吸。航天员阿·拉佐特金在量子1号舱启动一个氧烛后，氧烛外壳突然破裂引发火情，明火燃烧了约90秒钟，烟雾弥漫到整个空间站。航天员佩戴特备的防毒面具，使用灭火器迅速抑制并扑灭了火焰，但舱内浓烟持续了好几分钟。由于座舱环控生保分系统的CO_2净化装置、活性炭过滤器和催化净化装置的综合作用，座舱大气污染得到了有效控制，保障了航天员的健康。

和平号空间站配备有5个小型灭火器，这次灭火用了3个。当年4月6日，俄罗斯进步M34号货运飞船又为空间站补充了3个灭火器。

9．气闸舱的调压与供气

气闸舱，英文称Air Lock，它是载人航天器上用于航天员出舱活动的一个特殊的过渡舱段，也是航天员进入太空和返回的必经之地（图6-7）。气闸舱有两个舱门，一个与气密座舱连接，一般称为内闸门，另一个则通向航天器外部的太空，称为外闸门。气闸舱的主要配置包括舱外航天服及备件包、出舱活动保障工作台及附件、气闸舱泄压和复压组件、氧瓶组件、舱门检漏仪、航天服专用固定架、专用测量仪表传感器等。

图6-7 国际空间站上准备从气闸舱出舱的航天员

航天员出舱活动可以分为出舱准备、舱外活动和从舱外返回三个阶段。气闸舱的舱压制度是针对这三个阶段的工作状态和航天员的安全性要求而设计的，并严格按照设计规定程序进行控制。

从航天员进入气闸舱到气闸舱完成泄压为出舱准备阶段，该阶段主要工作如下：

1）检查舱外航天服及舱内相关设备状态，关闭内闸门并进行舱门密封检查；

2）航天员按规定穿着与航天服配套的医监背心、内衣、液冷服、通信头戴、液冷帽等个人装备，穿好航天服，连接航天服内部和外部的电接插件和气、液管路接头，关闭航天服背包，由气闸舱的出舱活动保障工作台及相应的舱载环控生保设备实现为航天服供电、供氧通风、温控液冷支持等功能；

3）进行航天服气密性检查，确认密封性满足要求；

4）气闸舱第一次泄压，按要求控制降压速率，舱压降至70千帕后，复查气闸舱舱门密封性；

5）启动航天服大流量氧气冲洗模式，约5分钟后转入“吸氧排氮”程序，持续时间不得少于航天服设计要求及医学要求的规定值；

6）航天服转入增压模式，控制增压速率以满足医学安全性要求，气闸舱第二次泄压，舱压逐渐降至2千帕，保持服装余压为额定值；

7）最终检查气闸舱内闸门的密封性，确认出舱准备工作完成，具备出舱条件。

大流量冲洗和航天员“吸氧排氮”是保障航天员出舱安全、减少航天减压病发生的重要医学措施。“吸氧排氮”程序方案与舱外航天服内的工作压力相关。舱外航天服的设计指标不同，“吸氧排氮”方案也不一样。

第二阶段，实施舱外活动。首先，航天员断开舱外航天服与气闸舱舱载设备的各种连接器，过渡到航天服自主工作状态，实现航天服的自主供电、供氧调压、通风净化、温湿度控制、无线通信等功能；打开气闸舱外闸门，进入外部空间，在规定的时间内完成规定的舱外作业任务；为确保安全，舱外活动期间，航天员必须系带安全绳。

第三阶段，从舱外返回气闸舱，主要操作如下：

1）进舱前，航天员按要求调整航天服冷源工作状态；

2）进入气闸舱，关闭外闸门，检查舱门密封性；

3）气闸舱开始复压，控制升压速率，舱压升至与航天服内额定工作压力相同时，连接航天服与舱载设备的各种连接器，切换航天服运行模式，重新改由舱载设备供电、供氧、提供液冷支持；

4）气闸舱第二次增压，同时按相应规律为航天服增压至额定值，当气闸舱舱压与航天服内的压力相同后，航天员可脱去航天服，重新换上舱内工作服；

5）气闸舱舱压与密闭座舱压力均衡后，打开气闸舱内闸门，出舱活动任务结束。

10．航天员出舱活动的安全防护装备——舱外航天服

航天员离开航天器进入太空，面对的是一个十分恶劣的空间环境，没有可靠的防护，人是不可能生存的。舱外航天服就是为保障航天员出舱活动期间的生命安全与健康，保证舱外任务的完成而研制的特殊的安全防护装备（图6－8）。因为功能要求不同，舱外航天服的技术构成远比前述舱内航天服复杂。舱外航天服主要由航天服本体（含航天头盔和航天手套）、测量控制通信系统和便携式环控生保分系统三大部分组成。

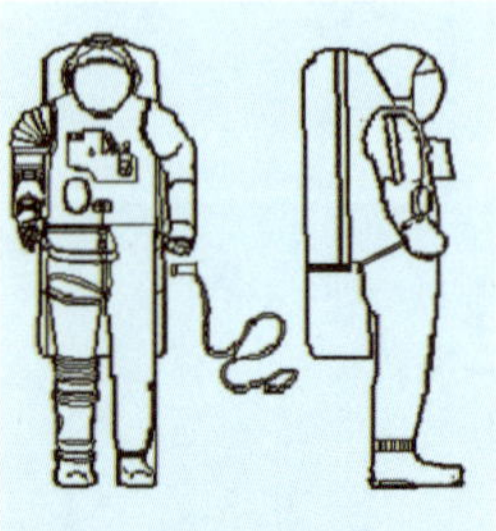

图6－8 舱外航天服示意图

航天服本体是一种以硬式结构为主、软硬结合的多层结构服装，在太空环境中，为出舱的航天员创造一个密闭的安全小

环境。服装从里到外由液冷通风服、气密压力服、多功能防护服构成，为航天员提供体表降温通风、压力密封、热防护、电离辐射防护、光辐射防护、空间微尘和微流星防护以及航天服外表的高压静电防护。

测量控制通信系统实现航天员生理参数测量、航天服内部环境参数测量及便携式环控生保分系统工作状态测量与控制；实现各类测量参数与母体航天器之间的信息传输及与舱外活动相关的实时图像传输；实现出舱活动航天员之间及航天员与地面之间的无线通话。

便携式环控生保分系统是创造航天服内部生存环境，保障航天员生命安全的关键设备。舱外航天服的内部容积不大，但因为它是独立于航天器工作的，其内部生存环境的各项控制要素，与航天器座舱环控生保分系统的控制要素相同，只是容量和规模上有所减小。便携式环控生保分系统的主要功能，一是航天服内部的供气调压，维持服装内部的额定工作压力，为航天员提供呼吸用的氧气；二是航天服内的通风和气体净化，保持服装内部的通风条件，在促进散热的同时，通过气体净化装置清除人体呼出的二氧化碳和其他微量有害气体；三是航天服内部的温、湿度控制，通过冷却水回路、液冷服、热交换器、冷源（水升华器）等，实现服装内的降温除湿；四是为航天员出舱活动期间提供必要的生活支持，包括少量饮水、进食和简易的尿液收集功能。舱外航天服环控生保分系统的设计容量一般按每次出舱活动 8 小时计算。

早期的舱外航天服不设置独立的环控生保分系统，而是用一根“脐带”式管路和电缆，与航天器的座舱环控生保分系统相连，保障航天服的内部生存环境，包括供氧、通风净化和降温除湿。这种方法，不仅舱外航天服内的环境条件不易保障，也大大限制了航天员舱外活动的范围，并有潜在的不

图6-9 神舟 7 号航天员翟志刚正在舱外活动

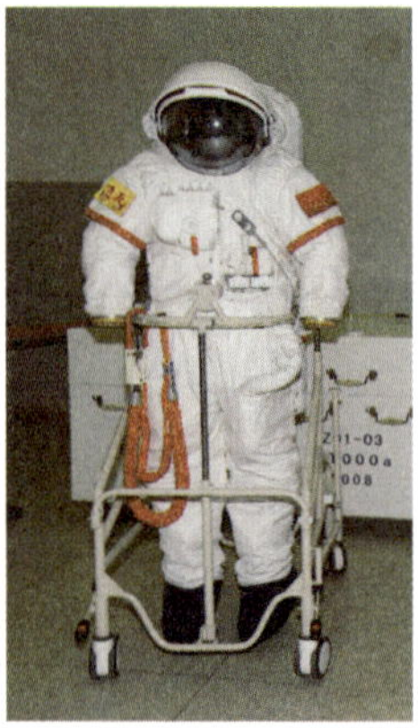

图6－10　我国研制的“飞天”舱外航天服

安全因素，所以很早就废止了。

目前研制和使用的舱外航天服，基本结构有两种模式，一种是便携式环控生保分系统与服装本体相对独立，形成一个独立的“背包”，两者间用管路与电缆连接；另一种是便携式环控生保分系统集成组装在航天服本体背后的一个类似于冰箱门的密封门内，环控生保背包与航天服形成更为紧凑的一体化结构。

在神舟7号飞行任务中，航天员翟志刚胜利完成了我国首次出舱活动任务（图6－9）。他穿着的我国研制的“飞天”舱外航天服，采用的就是环控生保背包与航天服本体一体化设计的结构（图6－10）。

随着航天员出舱任务活动范围的扩展，为了方便其行动，专门研制了一种舱外活动的机动装置。该装置安装在航天服背后的环控生保背包上，采用高压贮存的氮气作为推进介质，通过转动和平移控制器，控制不同方向的喷管工作，产生控制力和控制力距，使航天员能够精确地控制自己的体位和空间行走，方便自如地在较大的活动范围内完成设备维修、结构装配和有效载荷布放与回收等舱外作业活动。从安全可靠性考虑，舱外活动机动装置内设有两套相同的系统，一套出现故障，启动另一套系统也能确保航天员返回航天器。早期的舱外活动机动装置体积较大，附着在航天服环控生保背包上，更像一个“大箱子”，改进型的产品则轻便紧凑多了。

第七章

飞船的热控制

大家都坐过公交车。如果夏天没有空调制冷，车内就会闷热难耐；冬天没有暖风加热，车内又会寒冷异常。为了使乘客有一个良好的乘车环境，有的公交车上专门设置了热控制分系统。

同样，飞船上也有热控制分系统，但飞船的热控制分系统要比公交车的热控制分系统复杂得多。

1. 飞船热控制分系统的任务

大家都坐过公交车。如果夏天没有空调制冷，车内就会闷热难耐；冬天没有暖风加热，车内又会寒冷异常。为了使乘客有一个良好的乘车环境，有的公交车上专门设置了散热器、制冷机、加热器、风扇以及控制器等设备，它们组合起来就成为公交车的“热控制分系统”。

同样，飞船上也有热控制分系统，但飞船的热控制分系统要比公交车的热控制系统复杂得多。概括地说，飞船的热控制分系统主要有以下三项任务。

一是保证在飞船飞行的各个阶段（包括地面待发射段、发射段、轨道运行段和返回段），满足各舱段的仪器设备、舱内壁及结构部件，以及航天员所要求的温度条件；二是合理调配飞船各部件之间热量的吸收、储存与传递，对飞船内外热量进行管理与控制；三是将飞船上的废热向外部空间进行排放。

知识链接

空间站上的“寒冬”

1985年6月16日，苏联航天员弗拉基米·达扎内比科夫和维克多·萨克西内科乘坐联盟号飞船，从拜科努尔航天发射场升空，执行维修礼炮7号空间站的任务。

当飞船与空间站对接后，他们打开舱门进入了空间站。这时，他们感觉自己似乎进入了一座冰窖。达扎内比科夫后来回忆说：“舱内到处都是冰一样的感觉。”

由于航天服里的温度计最低只能测量到0℃，所以他们无法知道舱内的确切温度。最后，他们通过一个巧妙的办法——通过把唾液吐到墙上观察结冰的时间，来判断空间站舱内的温度。通过这个办法，他们估计舱内温度大约只有-10℃。

航天员在对空间站进行维修的过程中，尽管穿得就像“莫斯科冬天里的婴儿”一样，但可怜的他们还是无法在这种环境下持续待上40分钟，每隔一段时间就不得不回到联盟号飞船里暖和一会儿。

幸运的是，空间站最后被他们修好了。当空间站热控制分系统恢复正常以后，舱内温度又达到了正常温度，他们终于可以把厚厚的衣服脱掉了。

2. 热量的传递方式

大家知道，温度是通过热量的传递来调节的。因此，要想实现对温度的控制，必须了解热量传递的方式，从而实现对温度的调节。热量的传递方式可以分为三种：传导、对流、辐射。

(1) 传导传热

如果我们将一把金属汤匙放入一杯热牛奶中，露在牛奶外面的汤匙柄很快就会热起来，这就是热量在汤匙中传导的结果。我们把热沿着物理介质（在上例中就是汤匙）从温度高的一端向温度低的一端传递的方式称为热传导。

材料的导热系数 k 是指单位温度梯度（在1 米长度内温度降低1 开）在单位时间内经单位导热面积所传递的热量（瓦数）。对于导热系数 k，不同的材料，其值也不同，如金属的导热性能比木头的要好，k 值相对就大。如果放到牛奶中的汤匙是木头的，那么它就不会那么热了。

材料的导热系数越大，材料横截面积越大，材料两端温差越大，热传输的距离越小，那么单位时间内传导的热量就越多，导热也就越快。

(2) 对流传热

我们在家用水壶烧开水，利用的就是对流的传热方式，如图 7－1 所示。当火对水壶底部加热时，壶底部的金属先热起来，而后通过热传导使壶底部的水温度升高，根据热胀冷缩原理，其体积增大、密度减小。这时，在重力的作用下，上面温度较低、密度较大的水就会沉到壶底，而壶底温度较高、密度较小的水将浮到壶的上部。到达壶底的水也会被加热、膨胀并上升。如此往复循环，在重力的作用下，水流通过对流不停地进行着热量的传递。我们将这种通过流体介质流过热源传热的方式称为对流传热。

液体的流动需要外力，一般对流依靠重力或机械力（如风

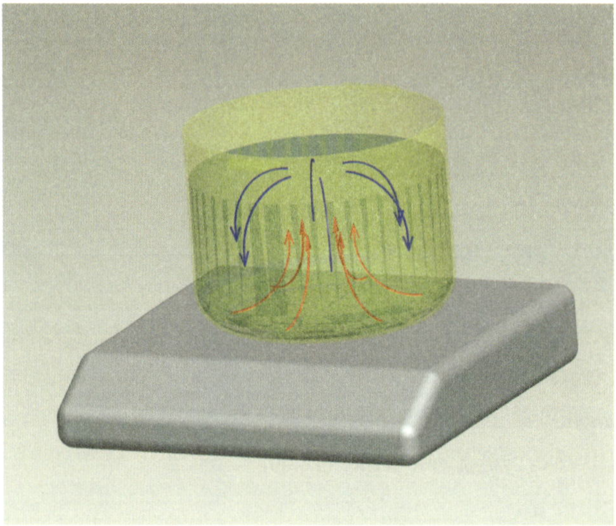

图7-1 对流传热原理示意图

机、泵等）推动流体流过热源。依靠重力的对流，称为自然对流，通过机械力推动的对流，称为强迫对流。由此可知，水壶烧水是自然对流，夏天用风扇纳凉是强迫对流。

（3）辐射传热

其实，我们每天都在跟这种传热方式打着交道。在阳光照耀下，我们会感到很暖和，这就是辐射传热的结果。热辐射是处于一定温度下的物质发射热量，这种热量通过电磁波传递出去。

传导或对流传递热量需要物质媒介（即传热介质），而辐射却不需要。因此，辐射传热在真空中最有效。

根据热学的相关定律，辐射热量与开氏温度的4次方成正比。因此，当温度提高一倍时，它辐射的热量将增加到16倍。

但是，应该清楚，上面讲的是物体对外的辐射。至于辐射的热量最终到了哪里，我们并未提及。下面就来讨论这个问题。

就像光的传播一样，如果一个物体发出的辐射没有碰到其他物体，那么，它将一直传递下去，直到碰到另一个物体。当辐射碰到物体表面时，就会发生反射、吸收与透射，如图7-2所示。至于反射多少、吸收多少、透射多少，与所碰到物体的性质有关。

反射是指被物体反射回来的热量，就像光被镜子反射一样，主要取决于物体表面的性质。物体的反射系数用符号 ρ 表示，例如 $\rho=0.3$，就表示反射的热量为入射热量的30%。

吸收是指被物体所捕获的热量，就像海绵吸收水分一样，吸收的辐射使物体温度升高。物体的吸收系数用符号 α 表示，例如 $\alpha=0.5$，就表示被物体吸收的热量为入射热量的50%。

透射是指辐射到达物体后透过物体继续传播的部分，就像光线透过玻璃一样。物体的透射率用符号 τ 来表示，例如 $\tau=0.2$，就表示透过物体继续传播的热量占入射热量的20%。

根据能量守恒定律，我们可以知道，反射、吸收和透射的热量总和应该等于入射的热量。

当然，现实生活中的辐射传热是极其复杂的。因为我们周围有那么多物质存在，只要不是绝对温度为零度的物质（实际上没有绝对温度为零度的物质），都会辐射热量。

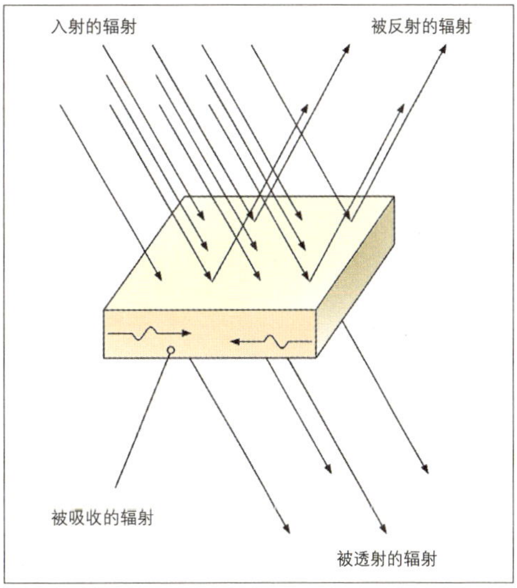

图7–2 辐射的入射、反射、吸收与透射

3. 空间环境的传热特性

飞船所处的空间是一个真空、低温、失重和有空间辐射的环境，因此，其传热方式也与地面有所不同。

（1）真空

随着距离地球高度的升高，大气密度和大气压力越来越低。在飞船飞行的高度（几百千米），大气密度只有地面的几亿甚至几十亿分之一，已经接近真空状态。

那么，这种状态对飞船的热控制有什么影响呢？前面讲到，对流和传导这两种传热方式都需要有传热介质才能传递热量。在真空条件下，飞船只能通过第三种方式即辐射来传递热量。

（2）低温

与地球的温度环境不同，太空属于低温环境。在地球表面的大气环境中，由于空气的自然调节，温度比较适宜，基本上在 $-50\sim50$℃的范围内。

而宇宙空间却大不一样。我们在夜晚看天空可以发现，宇宙中除了零散分布的星星，其余为广阔无垠的宇宙空间，基本没有物质，因此也就不存在热量。

太空中一个物体的热量辐射到宇宙空间后，几乎没有任何一部分能够反射回来，犹如石沉大海。所以，对宇宙中的一个物体而言，来自宇宙空间的辐射热量极小，经过测算，仅为 1×10^{-5} 瓦／平方米，相当于绝对温度4开（−269.16℃）的环境。也就是说，如果不考虑太阳和地球的辐射，一个不发热物体在宇宙空间的温度将会达到 −269.16℃的低温。

（3）失重

大家知道，在地球上，我们把一块石头投入水中，在重力的作用下，石块会沉到水底。但是，在飞行的飞船上，石块会漂浮在水中，这是因为水和石块都处于失重状态。

那么，失重对热控制有什么影响呢？联系前面讲过的自然对流的知识，我们知道，在失重状态下，几乎没有自然对流（或称重力对流）。因此，在进行热控制设计时，就不能像在地面上一样，将自然对流作为一种热量传递的方式。如果考虑对流传热，必须采用强迫对流。

（4）空间辐射

前面讲过，任何物体都会产生辐射，这些辐射到达其他物体，就会与其发生传热关系。进行飞船的热控制设计，必须了解有哪些辐射会到达飞船。

对于飞船来讲，最大的辐射来自太阳，其辐射强度约为1 358瓦／平方米。夏天站在太阳底下，我们会感到炽热难耐。对于在太空中运行的飞船，由于没有地球大气层的吸收和阻挡，太阳的辐射比我们在地球上感受到的要强得多。但是，如果飞船运行到地球的阴影区，则飞船不会受到太阳的辐射。

另外，地球也是一个重要的辐射源。来自地球的辐射有两种：一种是地球对太阳辐射的反射（称做地球反照），约为太阳直射时辐射强度的30%，即407瓦／平方米左右；另一种是地球本身的辐射，因为这一部分的热量主要集中于红外波段，又称为地球红外辐射，约为237瓦／平方米。

飞船所受辐射如图7－3所示。

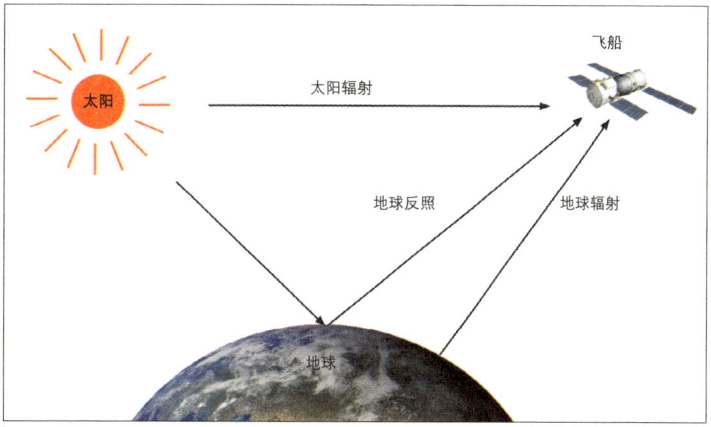

图7－3 飞船所受辐射示意图

对于神舟号飞船，一个昼夜周期约为一个半小时。也就是说，如果你是乘坐神舟号飞船遨游太空的航天员，大约一个半小时你就能经历一个完整的昼夜。对于飞船的热控制来说，这也是需要考虑的。

4. 飞船的热平衡与飞船的热控制方法

了解了飞船所处空间环境的特点，我们就可以分析飞船所在特定空间环境的热平衡，分析影响飞船热平衡的各种因素，并通过各种可行的方法，对飞船进行合理的热控制设计，以满足飞船的温度要求。

（1）飞船的热平衡

由本章第3节我们知道，飞船与外界的热交换，几乎完全是通过辐射方式进行的。外界对飞船的辐射传热包括以下几部分：太阳辐射传给飞船的热量 Q_1、地球反照传给飞船的热量 Q_2、地球红外辐射传给飞船的热量 Q_3。以上这些都是飞船从外部获得的热源。另外飞船内部也有大量的热量产生出来，如飞船上设备工作产生的热量，以及航天员释放的热量，我们称之为内热源，记为 Q_4。以上这些，就是飞船的所有热源。

同时，我们也知道，飞船在太空中也要向外部空间辐射热量，这部分热量记为 Q_5。

如果进入飞船的热量和飞船向外部空间辐射的热量相等，飞船就达到了热平衡。也就是说，飞船达到热平衡的条件是

$$Q_1+Q_2+Q_3+Q_4=Q_5 \qquad (7-1)$$

应该注意，上述的太阳辐射传给飞船的热量 Q_1 和地球反照传给飞船的热量 Q_2，仅在飞船运行的阳照区才有，在地球阴影区这两项就不存在了，如图 7－4 所示。

虽然到达物体的辐射热量是一定的，但是有多少能被物体吸收成为物体的热源，还取决于物体表面对辐射的吸收率。因此，对于飞船热源的调节，实际上可以通过选择不同的表面吸收率来实现。但是，吸收率一旦确定，就不能改变，因此它属于一种被动的方法，不具备主动调节的能力。控制温度最灵活的方法，就是对飞船进行主动热控制。

（2）飞船的热控制方法

通常，航天器的热控制有两种方法，即被动热控制方法和主动热控制方法。

被动控制方法主要是选取热物理性能不同的材料，正确地

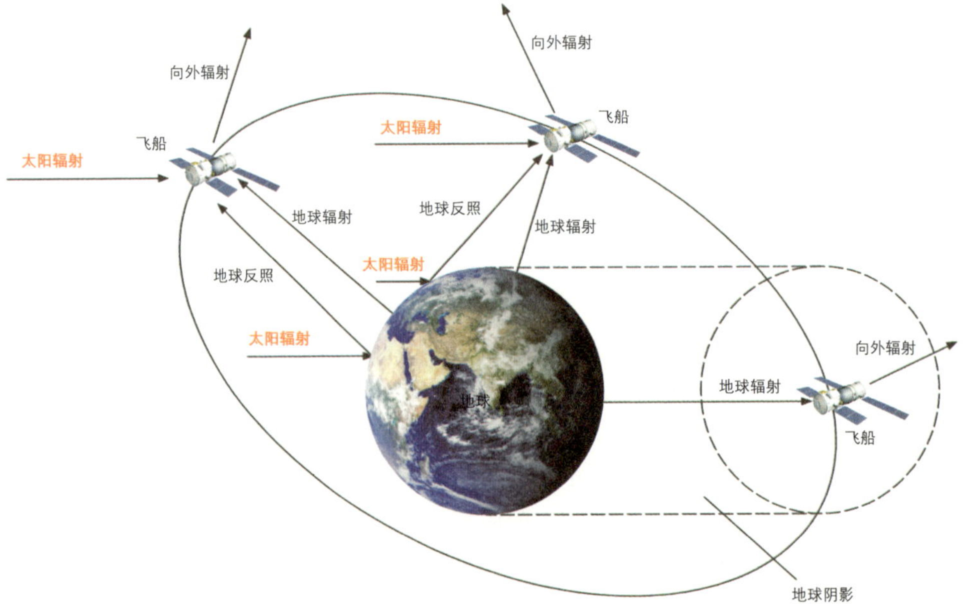

图 7–4 飞船的传热关系图

组织航天器内外的热交换过程，在一定程度上满足航天器热控制的需要。它实际上是利用开环方法控制航天器的温度，本身没有自动调节温度的能力，但是传热途径比较简单，技术成熟，运行可靠。被动控制方法主要包括多层隔热材料、热控涂层、热管、相变材料等。

主动热控制方法是在航天器内外热源状况发生变化时，通过主动调节系统的某种动作，使航天器内的温度保持在指定范围内。与被动控制相比，主动控制是一种闭环控制方法，控制的精度较高，具有较大的适应内外热流变化的能力。但是，主动热控制技术较为复杂，由此带来的可靠性问题、重量问题更为突出。一般航天器使用的主动热控制技术包括主动流体回路技术、通风换热技术、热控百叶窗、热开关、可控热管、主动电加热等。

飞船采用的是以主动热控制为主、被动热控制为辅的方法。其主要思想是：利用被动热控制方法使飞船舱体尽量与外界环境热隔离，减少不可控的热量传递；利用主动控制方法的灵活性，实现对绝大多数热量传递的控制，最终实现对飞船内部温度的精确控制。飞船热控制技术的组成如图 7－5 所示。

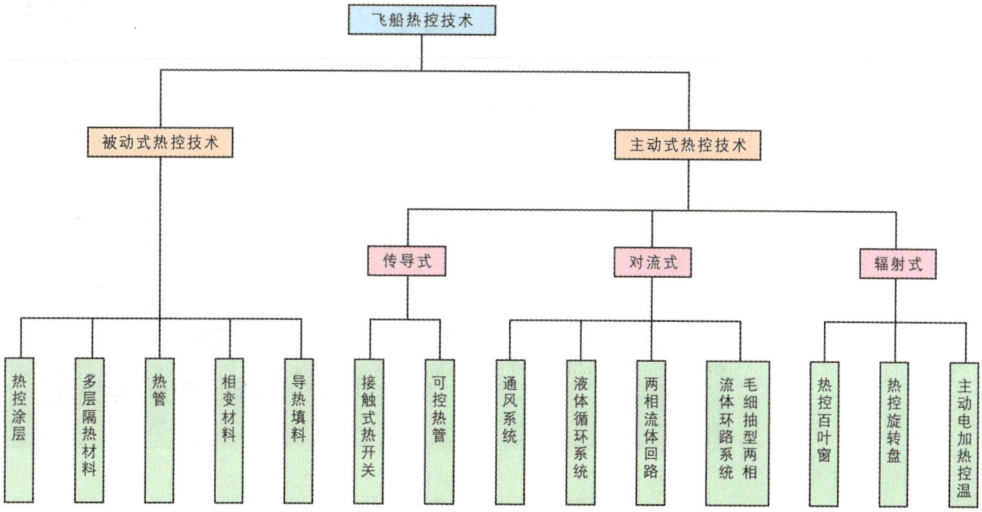

图 7－5 飞船热控技术的组成

5. 给飞船穿上“保温衣”

（1）为什么要为飞船设计“保温衣”

飞船的轨道舱和推进舱外壳均为金属材料，这种材料的导热性能很好，如果直接裸露在外的话，其壳温随着环境温度的改变，将在 $-200\sim200$℃之间剧烈变化。也就是说，飞船与外部环境有一个很大的热传递通道，这个通道不能人为控制，这对飞船内部的温度控制很不利。

为了减少飞船与外部环境的热传递，在飞船金属外壳之外，穿了一身特制的“保温衣”，即对飞船进行了隔热处理。在航天器热控制专业术语中，“保温衣”叫做“多层隔热材料”。多层隔热材料具有极好的隔热性能，理论上其当量导热系数能低到 10^{-5} 瓦/（米·℃）的量级。因此，它又被称为超级隔热材料，如图 7–6 所示。

图 7–6 多层隔热材料

（2）多层隔热材料的组成结构

多层隔热材料实际上并不是单一材料，而是一种由多层反射屏和间隔层叠合在一起的组合材料，其组成结构如图 7－7 所示。层数的多少可以根据需要进行选择，层数不同，隔热效果也不同。反射屏一般采用双面镀铝、银或金的聚酰亚胺薄膜或涤纶薄膜，其表面辐射率一般为0.02～0.04(表面辐射率是指物体表面辐射热量能力的系数，其值在 0 和 1 之间，其值越小，表明该表面辐射热量的能力越低)。间隔材料多用质地疏松的纤维纸或织物（丝绸、尼龙纱、涤纶纱等）制成。

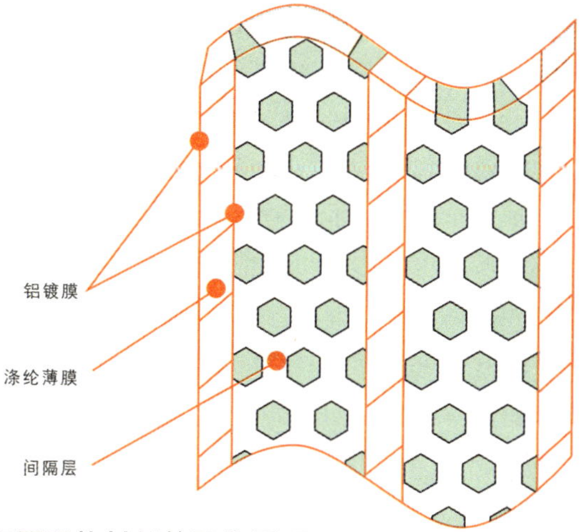

图 7－7 多层隔热材料组成结构示意图

(3) 多层隔热材料的隔热原理

多层隔热材料是如何起到隔热作用的呢？

多层隔热材料各层之间如果是真空的话，其隔热效果与隔热屏的层数及表面辐射率有关，隔热屏层数越多，表面辐射率越低，其隔热效果越好。

其实，我们生活中使用的暖瓶利用的就是这个原理。暖瓶为两层结构，反射屏为镀银的玻璃，中间抽成了真空。如果你是个注意观察生活的人，你会发现，如果暖水瓶不能保温，其原因大都是因为瓶底封闭的抽气孔破了，玻璃夹层中进入了空气。

对于多层结构来讲，间隔层为真空状态很重要。但是，飞船上使用的多层隔热材料不用提前抽成真空。因为上天之前，已经在它们身上打了很多小孔。上天后，在真空状态下，多层隔热材料内部的空气就会自动扩散到太空中，其内部自然也就形成真空了。

6. 给飞船装上“空调”

给飞船穿上“保温衣”后，飞船内部的大部分热量就不能通过舱壁传出去了。那么，飞船内部的多余热量怎么散出去呢？为此，我们给它设计了一套专用空调，通过它就可以对飞船内部的温度进行控制了。

就像我们住的房子，我们把墙设计得很厚，还增加了保温层，这样就减少了室内与外部环境的热传递。但是，在炎热的夏天，我们还需要空调的帮助，使室内温度始终舒适宜人。

在航天器热控制领域，空调系统的正式名字是主动流体回路系统。图 7－8 为飞船的主动流体回路系统原理图。

(1) 流体回路的工作过程

飞船的流体回路由外循环回路和内循环回路组成，它们由各自的泵驱动液体介质循环，以带走飞船内部的热量。

由图 7－8 可以看出，内循环回路的工质，在泵驱动下流经中间换热器，在释放热量、降低温度后，进入返回舱和轨道舱，分别在各舱的冷凝干燥器与冷板内吸收热量或对结构部件加热，之后回到中间换热器，形成闭式循环。

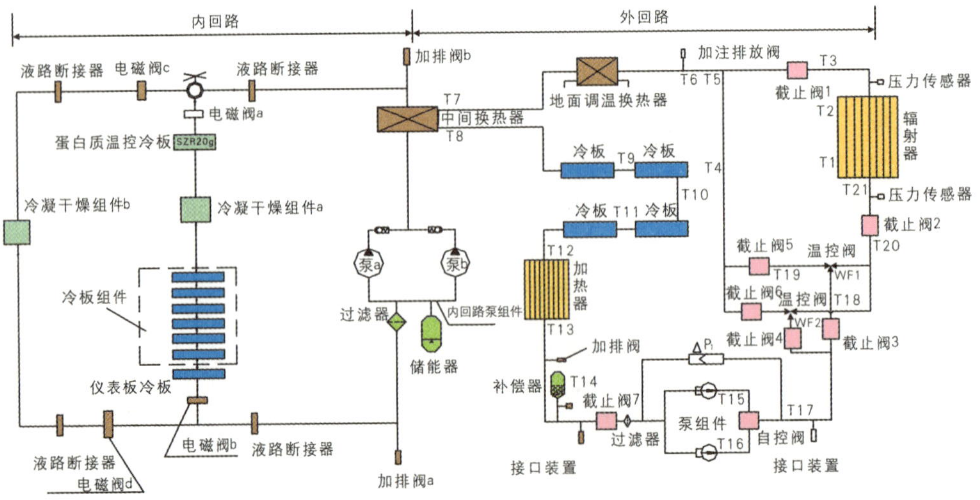

图 7－8 飞船的主动流体回路系统原理图

外循环回路的工质，在泵驱动下流经中间换热器，吸收内循环回路传来的热量，经冷板吸收推进舱内前部仪器发出的热量后，进入位于推进舱后部的舱壁加热器（维持推进舱后部设备的温度水平），然后进入推进舱外的热辐射器，把工质吸收的热量排散到空间，再经温控阀旁路调节，使经过辐射器与未经辐射器的工质混合后的温度满足要求（通常取为（7 ± 2）℃），最后经过中间换热器，形成闭式循环。

通过内外循环回路的连续运行，形成舱内外热量吸收与排散的平衡，保持适合飞船乘员、仪器设备与结构部件所需的温度范围。

（2）天然的制冷机

家里使用的空调都有一个制冷机，只有当制冷机工作时，才能产生冷源，而制冷机的工作需要消耗电能。

在太空中，制冷机却不需要消耗任何能量。前面讲到，在没有太阳和地球照射的太空（地球阴影区），相当于一个 4 开（−269.16℃）的环境，这不是一个天然的冷源吗？为了获得冷源，只需要一个与外部环境的换热器即可，这个换热器就是流体回路中使用的辐射器。之所以称之为辐射器，是因为它与外部环境的热交换都是以辐射方式完成的。

辐射器的外形如图 7−9 所示，它是一个圆柱面，套在飞船推进舱外。图中，“1”为流体管的进口，“2”为流体管的出口。

图 7−9　辐射器外形图

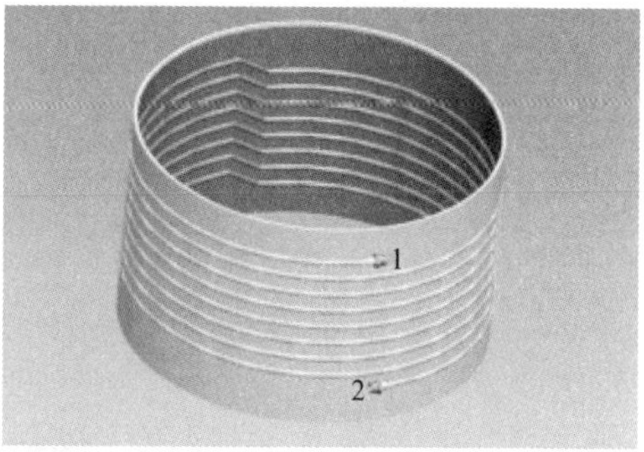

7. 让怕热设备坐上“冷板凳”

（1）有“人”喜欢“冷板凳”

足球比赛时，习惯上把替补队员叫做“板凳队员”。这是因为他们没有上场比赛，而是坐在“冷板凳”上看别人踢球。所有足球队员都希望自己上场比赛，没有人愿意坐“冷板凳”。

飞船上的仪器设备，虽然大多数都是好样的，只要温度条件满足基本要求（−5～45℃）即可。但总有一些“娇气”设备，温度一高了就受不了，它们喜欢坐“冷板凳”。

比如电池，其发热功率很大，能达到几百瓦的水平。它在工作时，温度会升高，如果超出0～18℃的范围，它就会“闹意见”，不好好工作了。

工程人员专门为它们设计了“冷板凳”。“冷板凳”里通上冷液，保持一定低温，把这些“娇气”设备放在上面，它们就不会有意见了。在航天器热控制领域，“冷板凳”的正式名称叫冷板（图7−10）。

图7−10　冷板外形图

（2）冷板的工作原理

实际上，冷板就是一个换热器，它将设备释放的热量传递给流体回路的工作介质，由其沿流体回路带走，以保持设备温度维持在允许的范围内。

在冷板内部，布置有很多槽道，而且设计得很小，以保证流体与冷板有更多的接触面积，可以与冷板壁面充分换热。虽然冷板表面看起来很光滑，但其内部却很复杂。

同时，保证冷板散热的均匀性也很重要。因为散热不均匀，将会导致仪器设备温度不均衡。在进行冷板设计时，利用流体力学原理，将冷板内每个槽道的流动阻力都设计得尽可能一致，这样，流体在冷板内的流动就平稳了，散热也就均匀了。

8. 给怕冷设备包上“电热毯”

前面讲到，有些设备享受不了“温暖”，需要给它们准备一个“冷板凳”。但还有一些设备（如推进剂贮箱），却享受不到舱内的“温暖”，它们安装在舱外，直接暴露于外部环境中，处于比较冷的状态。

为了使这些怕冷的设备在舱外环境中正常工作，专门设计了一种“电热毯”包在它们身上。温度低了就给它们加热，使它们不至于被冻坏。在航天器热控制领域，“电热毯”的正式名称叫电加热器，图7－11为组成这种电加热器的加热片外形。

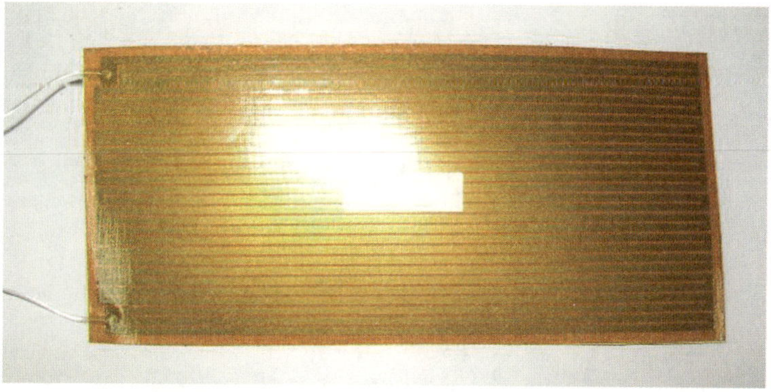

图7－11 电加热器的加热片外形图

除了电加热器，还有两个部件参与怕冷设备的温度控制，它们是温度传感器和温度控制器。温度传感器用于获取被控设备的温度变化信号，并将其传递给控制器；温度控制器负责把获取的信号与设定值进行比较、判断，控制电加热器的工作状态。电加热器、温度传感器和温度控制器一起，构成了一个闭环控制系统，称为“电加热恒温控制装置”。

通过这套电加热恒温控制装置，被控设备的温控精度可以达到±0.5℃。

9. 威力巨大的热管

前面讲到，在飞船的热控制设计中，为了有效地隔绝舱壁与外界的热交换，我们使用了多层隔热材料对热流通道进行“封堵”。但是，另一方面，我们却需要有效地导通热流通道，加快热量传递。

比如，飞船一面面对太阳，一面背对太阳，舱壁受热不均匀，为了防止出现高温面和低温面，需要使热量在舱壁内快速流动，这就要用热管来完成舱壁内部的热传导。

热管是一种利用工质相变和循环流动而工作的传热器件，主要由管壳、工质及具有毛细结构的管芯组成，外形见图7－12，典型结构如图7－13所示。

热管的一端为蒸发段，外热源的热量在蒸发段经管壁传给工作液体，液体受热蒸发后流向另一端；在凝结段，蒸气凝结为液体，放出的热量经过管壁传给冷源，而液体在毛细力的作用下，沿管芯回流到蒸发段。如此循环往复，不断将热量从蒸发段传递到冷凝段。

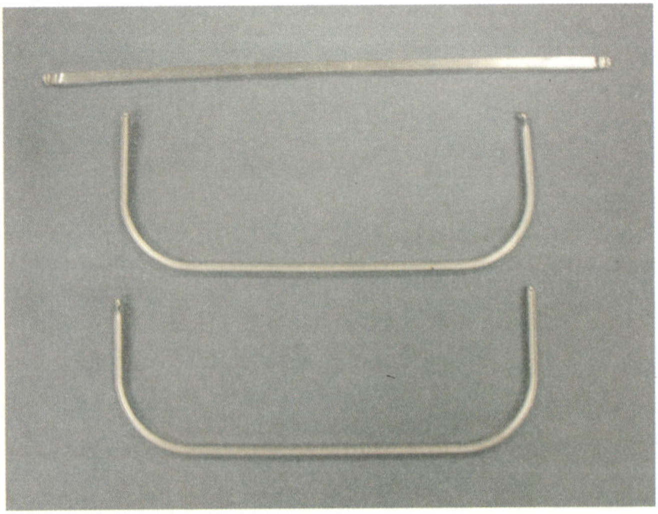

图7－12　热管外形图

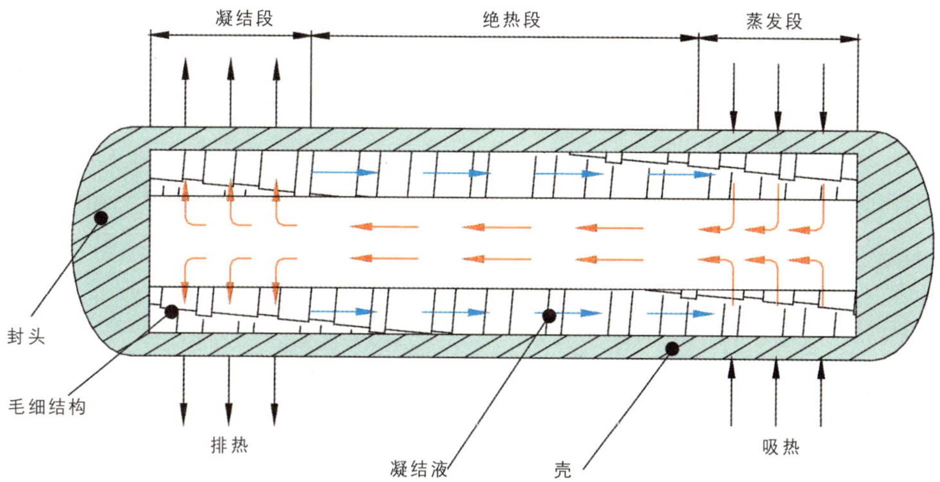

图 7–13 热管结构示意图

热管是靠蒸发和凝结过程进行传热的，传热热阻很小，可以在小温差下传递很大的热流。热管内工质循环是靠毛细力来驱动的，因此不消耗电能，也没有机械运动部件，结构紧凑，运行可靠。

10. 热物理方程大显神通

在飞船上天之前，必须预先知道飞船热控制设计的状况。为此，首先要建立物理模型，然后依据传热的基本方程抽象出数学模型（其实就是很多方程组），通过求解这些方程组，可以获得以下信息：

1）飞船外表各个面接受的辐射热信息。它会告诉我们哪个面受热，受热强度如何，不同时刻会有什么样的变化。知道了这些，就可以知道有多少热量从外部进入飞船，知道飞船的哪些部分会比较热，哪些部分会比较冷，然后有的放矢地采取措施进行防范。

2）飞船在轨运行时各部分的温度信息。包括舱体温度、设备温度以及航天员生活区的温度。知道了这些，就可以确定在目前的热控制设计状态下，哪里还不能满足要求，需要修改设计。待修改设计完成后，再重新进行分析计算，如此循环，直到分析结果显示，飞船的热控制设计已经完全满足要求。这个过程称为设计迭代。

飞船还没有生产出来，我们凭飞船的设计方案却预先知道了它以后在太空飞行时的温度，当然预计温度与实际温度会有一些差别，但它为整个飞船的总体设计创造了条件。图 7－14 为飞船某部分温度分布的计算结果，不同颜色代表不同的温度。

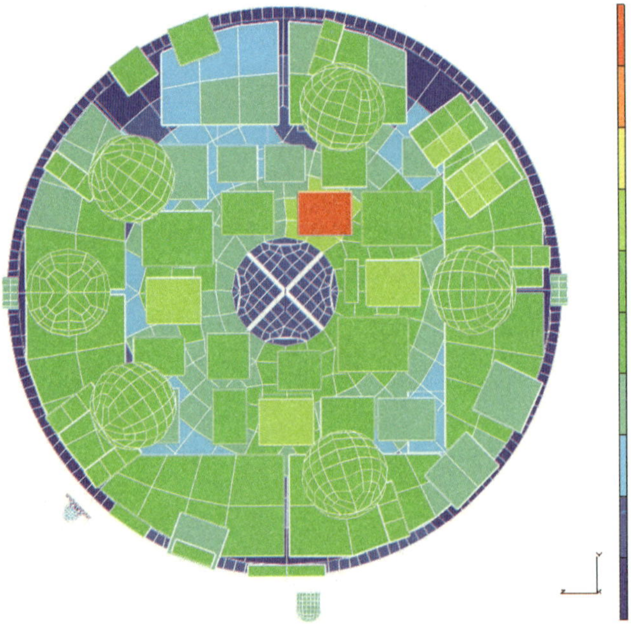

图 7—14 飞船某部分温度分布图

11. 如何进行飞船热真空试验

在飞船热控制设计完成后，怎么才能知道这个设计到底能不能满足要求呢？当然，通过热控制分析和计算，可以得出一个初步结论。但这还远远不够，因为毕竟没有经过试验的验证。飞船一旦发射上天，就不能对其设计进行改进了。所以，在飞船正式发射之前，有必要通过地面热试验，对飞船的热控制设计进行验证，以做到“万无一失”。

为了通过地面试验获得准确的数据，必须按照天上状态模拟飞船所处的环境。前面讲到，空间环境包括真空、低温、失重与辐射，但是，在地面上无法直接找到这种环境。工程人员专门建立了一个叫做“空间环境模拟器”(热真空罐)的装置，飞船就是放在这个装置里进行热试验的（图7－15、图7－16和图7－17)。

那么，在这个装置里，所需要的环境是如何产生的呢？首先，将整个装置做成一个密闭容器，将容器里的空气抽空，使容器内部形成真空状态；同时，使用液氮作为“热沉”，给容器壁面制冷，低温环境也就实现了；对于辐射，给飞船外部罩上一个电加热笼子，通过这个加热笼对飞船加热，就可以模拟飞船受到的空间辐射了。

失重在地面环境下是不可能实现的。但是，因为飞船轨道舱和返回舱内有大气，在地面重力作用下会产生自然对流，而飞船在太空中却不会有自然对流，这会造成试验模拟状态与飞

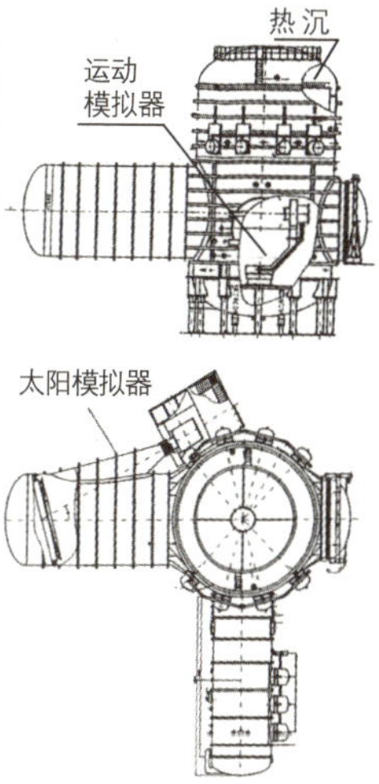

图7－15 KM6热真空试验设备

图7－16 神舟号飞船正吊入KM6热真空罐中

图7－17 神舟6号飞船正吊入KM6热真空罐中，准备进行热真空试验

行状态不一致。那怎么办呢？为了解决这个问题，设计了一种叫“降压法”的试验方法，通过降低舱内压力，达到在不影响空气强迫对流换热的同时，又可以有效抑制自然对流的目的。试验结果表明，这个方法是非常有效的。

知识链接

热沉

通常把热容量比较大、可以吸收大量热量而温度却明显低于周围环境温度的材料或部件称为热沉。

第八章

飞船的电源

日常生活中用的电，都来自于地面发电站。发电站通过电网将电力输送到变电站，再由变电站分配给用户。

和地面一样，飞船上也有发电站和配电站。发电站负责发电，配电站负责把电力分配给各个用户。安装在飞船两边的太阳电池阵，就是飞船的发电站。

1. 飞船里的“发电站”

日常生活中用的电，都来自于地面发电站。发电站通过电网将电力输送到变电站，再由变电站分配给用户。那么，远在太空的飞船，它用的电从哪里来呢？和地面一样，飞船上也有发电站和配电站。发电站负责发电，配电站负责把电力分配给各个用户。与地面不同的是，飞船无法采用火力、水力和风力发电，其发电功率一般在几百瓦至几十千瓦，要比地面发电站小得多。

载人航天器的供电形式有太阳能发电、核能发电和蓄电池供电、燃料电池供电。采用哪种形式供电，要看载人航天器要求的电功率大小、在天上停留的时间长短和使用条件，经过权衡电源质量和可靠性后才能决定。如果飞船电功率要求500瓦，只飞一天就返回地面，一块质量为70千克左右的锌银蓄电池组是既轻便又简单可靠的选择。如果要在天上飞几十天以上，或者用电功率要达千瓦以上，那么就应该采用太阳能发电或燃料电池供电。由于燃料电池以氢和氧为燃料，工作时间越长，带的燃料就越多，因此不适合在长期飞行的载人航天器上使用。美国的航天飞机每次在天上飞行时间不超过15天，它用的就是燃料电池。

利用薄如名片一样的太阳电池片（图8－1）可以将太阳光直接转变为电能。把上千片太阳电池以平铺方式粘贴在一块轻型的平板上并对太阳电池加以连接，这块板叫电池板，它可以输出几十伏电压和数安培的电流。把数块电池板连接起来组成太阳电池阵，安装在飞船的两边，就形成了飞船的发电站。太阳能是取之不尽的能源。宇宙空间没有乌云，光照充分，一个乒乓球桌面大小的太阳电池阵可输出0.5～1千

图8－1　太阳电池片

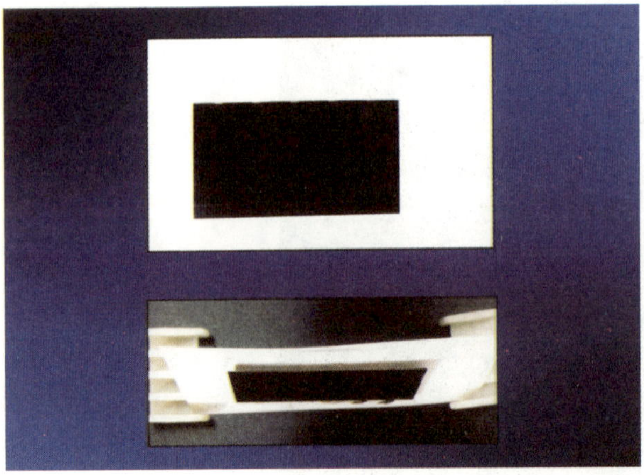

瓦的电力，可供 2～3 台电脑同时工作。太阳电池阵既简单又可靠，是航天器中最常用的发电装置。

飞船给设备提供的是 28 伏的安全直流电。如果一个发电站要提供 28 伏 5 千瓦的电力，即使输电导线的电阻只有 0.05 欧姆，在输电线上也要白白浪费掉 1 600 瓦的电力。飞船上发 1 瓦电，要付出几千元的代价。为了降低输电线上的损耗，科学家们借鉴了地面长距离输电用高压电、临近用户处再变压成 220 伏配电的供电方式，把太阳电池阵发电电压提高到 100 伏以上，在配电处再变成 28 伏，这是降低传输损耗的有效办法。

飞行在 300 千米高度上的飞船，绕地球一圈大约需要 90 分钟。飞船飞到一定区域时，太阳光会被地球遮挡，大约有 37 分钟见不到太阳，太阳电池阵也不能发电，此时飞船上用的电来自蓄电池组。飞船飞入光照区时，太阳电池阵在向船上供电的同时，又给蓄电池组充电。图 8－2 为飞船在轨光照示意图。

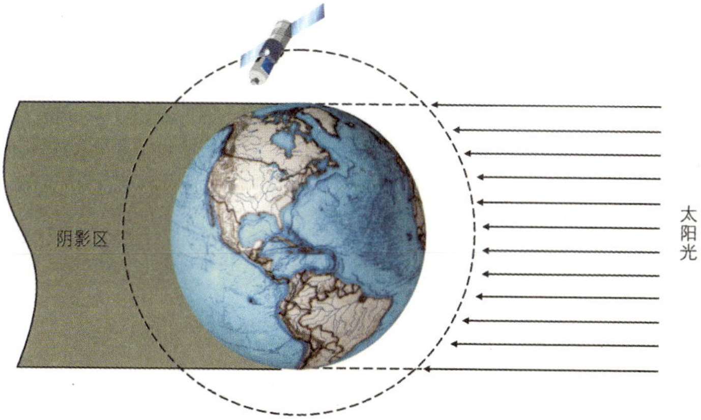

图 8－2 飞船在轨道上的光照示意图

充电时电能要转化为化学能，放电时化学能又要转化为电能，在转化过程中能量会有一定的损耗。因此，虽然飞船在光照区的时间大于在阴影区的时间，但太阳电池阵的电力并不能按照飞船在光照区与在阴影区的时间比例来分配，而是大约有一半需要用来充电。也就是说，如果太阳电池阵总发电能力是 5 千瓦，给飞船供电的能力只有 2.5 千瓦。上面所说的蓄电池组每天要经过约 16 次的充放电。如果飞上 5 年，蓄电池组充放电次数将达到29 000次。这样，蓄电池组必须是长寿命、高可靠的。常用的蓄电池有经过特别设计的镉镍电池、氢镍电池，还有正在发展的质量更轻的锂离子电池。储存电能的途径有多种方法，利用飞轮储能是未来航天器的发展方向之一。即有光照时，用电驱动飞轮高速旋转，把电能转化为机械能；无光照时，高速旋转的飞轮带动发电机发电，把机械能又转化成电能，随之飞轮的旋转速度也慢下来。由太阳电池阵、蓄电池组组成的供电系统称为太阳电池阵－蓄电池组电源分系统（图8－3），这种电源分系统还要配备一些控制设备，实现自动充电和稳定供电。

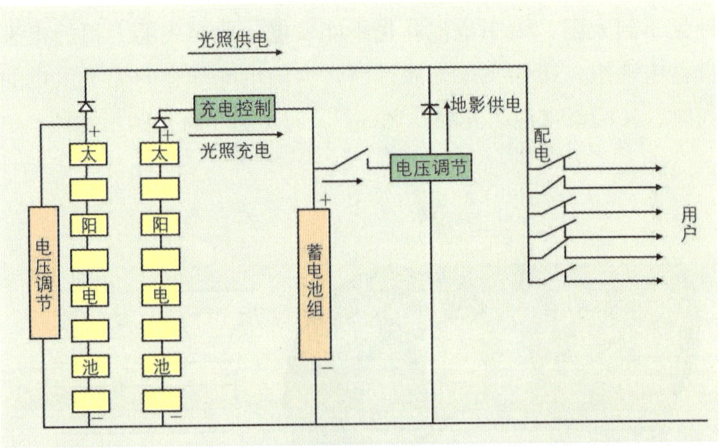

图8–3 太阳电池阵－蓄电池组电源分系统原理图

发电、配电是飞船的一条生命线，电力不足或发生断电故障，都可能危及航天员的生命安全。苏联的礼炮7号空间站就曾发生电力不足、舱内一片漆黑、饮用水结冰、航天员在严寒中难以承受的险情。因此，飞船的供电必须十分可靠，电源分系统的设计要做到万无一失。

2. 阿波罗飞船的电源分系统

阿波罗飞船奔月、返回地球总共需要12天，耗电约670千瓦时。考虑到飞行时间不长，功率也不是很大，阿波罗飞船的电源分系统采用了氢氧燃料电池和锌银蓄电池的混合体制。

氢氧燃料电池是按电化学原理等温地直接将化学能转化为电能的发电装置。不需要通过燃烧产生热，由热能转化为机械能，再由机械能转化为电能的复杂过程，因而转换效率比较高，实际转换效率可达50%～70%。氢氧燃料电池的原料是氢和氧，它贮存在电池外的贮罐中。发电时，源源不断地向电池提供氢和氧，生成的是水。这生成的水是有污染的，污染主要来源于电极、隔膜、电解质、密封材料等；因此，生成的水必须经分子筛、离子交换树脂、活性碳等处理和净化后，方可供航天员使用。用燃料电池发电可以不受光照的限制，避免大面积太阳电池阵受大气阻力降低航天器速度的影响，减少推进剂的消耗，但不宜用在飞行时间过长的航天器上。燃料电池的输出电压波动较大，因此需要配备化学蓄电池，用来保证大负荷时有较稳定的电压；在小负荷时，燃料电池可以向蓄电池充电。

阿波罗飞船装有3块燃料电池（图8–4），安装在服务舱内，总质量为111千克，工作电压27～31伏，额定输出功率563～1 420瓦，最大峰值输出功率2 300瓦，配有一组辅助蓄电池。指挥舱内配有3块“进入”锌银蓄电池（因为它是在指挥舱进入地球大气层期间唯一使用的电源，故称为“进入”锌银蓄电池），电压29伏，容量40安时，可进行6次充放电。登月舱内配有2组29伏、296安时的锌银蓄电池，4组29伏、400安时的锌银蓄电池。另外，各舱段还配有小容量的火工品蓄电池。估计全部蓄电池的重量不会低于300千克。

图8–4 阿波罗飞船用的氢氧燃料电池

飞船临近发射时，氢氧燃料注入电池，燃料电池被激活。起飞前2组“进入”蓄电池又接入主供电线（又称主母线）。这样采用联合供电，既可以提供大的功率，又能避免因燃料电池故障造成断电的危险。飞船入轨后，断开“进入”蓄电池，在用电高峰时再次接通“进入”蓄电池。飞船在奔月的几天内主要由燃料电池供电，有时还可对“进入”蓄电池充电。近月时，登月舱与飞船分离。登月舱由4组400安时蓄电池供电，在月面登陆后还要为登月舱内的科学探测仪器、测控通信设备等供电。近一天的科学探测任务结束后，登月舱起飞返回飞船，这段时间由两组296安时的蓄电池供电，启用新电池是为了保证这一关键时段供电的可靠性。飞船在飞回地球的几天内仍以燃料电池为主要电源。燃料电池产生的热量由换热器将它传至空间辐射器散发掉。飞船进入大气层前，3块“进入”蓄电池接入主供电线，指挥舱随后与服务舱分离，“进入”蓄电池成为指挥舱唯一的电源。指挥舱降至距离海面200多米时，舱内的电负荷已经很小了，最终溅落于海面。

看了上面的介绍，也就可以理解飞船内为什么要配备这么多蓄电池了。蓄电池的容量和燃料电池的电能是根据它所供电的电功率和供电时间再考虑一定的裕量来确定的，当然有时也会出现与预估相差较大的状况。例如，后期的阿波罗飞船，将登月舱的一组蓄电池调整到服务舱内，增大了辅助蓄电池的容量。由上面的介绍可见，载人返回段的供电是非常保险的，除有充裕的电能外，还用多组蓄电池或多块燃料电池供电，坏一块也不影响供电，飞船照样能返回地球。阿波罗10号、11号、13号燃料电池都曾发生过故障，其中阿波罗13号由于一个储氧罐发生了爆炸而中止了登月任务。

3. 神舟号飞船电源分系统有什么特点

我国神舟号飞船电源分系统由以下5部分组成：

1）主电源。它由2个相同的太阳电池阵－镉镍蓄电池组系统并网供电，安装在推进舱上。

2）留轨电源。它相当于主电源中一个太阳电池阵－镉镍蓄电池组系统，配置在轨道舱上。

3）返回／着陆电源。它是电能为8.6千瓦时的锌银蓄电池，配置在返回舱内，用于返回舱在返回、着陆后等待救援时用电。

4）应急电源。它是总电能为13.5千瓦时的2组锌银蓄电池，配置在推进舱内。

5）火工品电源。它是容量较小的锌银电池，用于点燃火工品、释放太阳电池阵、分离舱段等，各舱段都配有火工品电源。

神舟号飞船电源分系统如此配置的原因及特点如下：

1）电力强。主电源可输出的平均电功率达1 200瓦，瞬时功率则可到2 400瓦。若主电源与留轨电源并网，电源分系统能输出1 400瓦的电功率，约是俄罗斯联盟号飞船的3倍。它输出的电功率不受飞行时间长短的限制，可保证航天员作更多的空间科学实验，为航天员创造更舒适的生活环境。

2）安全性高。即使飞船电源分系统发生故障，也能确保航天员安全返回地面所需的电能，这是飞船电源分系统的首要任务。神舟号飞船中配备了应急电源，用2组锌银蓄电池组并联组成的应急电源，可靠性极高。用应急电源单独向整船供电时，可维持6小时以上的飞行，即可飞行4圈，这样就有选择安全着陆的时间。太阳电池阵展不开是早期航天器常见的故障，如果仅有一个翼展开，由这个翼组成的太阳电池阵－蓄电池组与应急电源并网，重新组成电源分系统，可以提供一天的飞行用电，这样就可以保证飞船安全降落在我国本土。

3）轨道舱有留轨电源。神舟号飞船有两对太阳电池阵，前面较小的一对就是留轨电源的太阳电池阵，这个太阳电池阵－蓄电池组是专为轨道舱留轨利用时配备的，能为轨道舱提供600瓦的电力，相当于我国风云1号气象卫星的电力。

4）返回／着陆电源能量充分。返回／着陆电源扣除返回段40分钟用电0.9千瓦时后，还留有7.7千瓦时供返回舱落地后使用。着陆后用电功率仅为300瓦，航天员在舱内最长可滞留24小时，等待搜救组救援。

神舟号飞船电源分系统原理见图8－5。

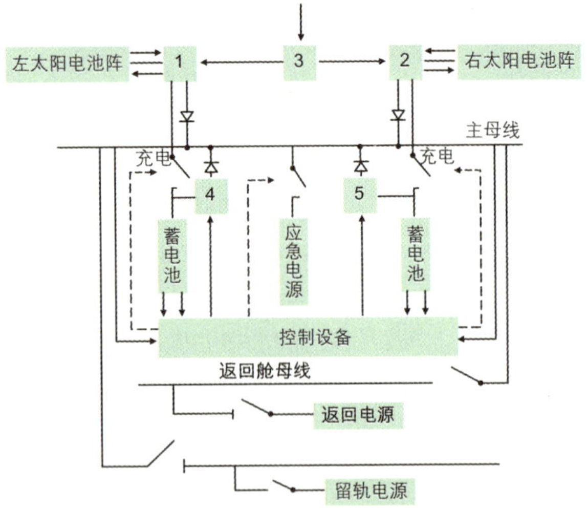

图 8－5 神舟号飞船电源分系统原理图

1—左驱动机构；
2—右驱动机构；
3—驱动器；
4—左放电调节器；
5—右放电调节器

4. 神奇的太阳电池阵

飞船两侧的一对太阳电池阵犹如飞翔的翅膀，在阳光照耀下鲜艳无比。当记者采访中国首飞航天员杨利伟时，他曾讲过这样一段话："船箭分离时，明显感觉到身体漂浮起来了……看到太阳帆板展开时，心情很激动！太阳帆板展开的动作非常好看，我当时进行了摄像并拍了照片。太阳帆板展开引起的扰动对飞船姿态的影响并不大，展开后，电源分系统参数很正常。"难怪航天员杨利伟在天上多次拍摄美丽的太阳电池阵（图 8－6）。神舟 6 号飞船的航天员在太空也拍摄到了飞船的太阳电池阵（图 8-7、图 8-8）。

太阳电池阵在天上是怎样展开的呢？太阳电池阵的几块电池板由铰链相连接，飞船发射时，电池板折叠收拢压紧在舱体两侧，这样既能提高抗振动冲击能力，又能藏在火箭的整流罩内。飞船进入预定轨道后，根据指令点燃压紧装置上的火工品解除压紧，铰链轴上装有类似钟表的发条，在发条的作用下各块电池板慢慢展开。太阳电池阵能否展开是飞船入轨后的一个重大事件，直接影响后续飞行计划的决策，许多卫星都因太阳电

图 8－6 | 图 8－7

图 8－8

图 8－6 航天员杨利伟在神舟 5 号飞行期间从飞船舷窗处拍摄到的太阳电池阵

图 8－7 神舟 6 号航天员通过返回舱的弦窗拍摄的飞船太阳电池阵(左上角)与美丽的地球

图 8－8 神舟 6 号飞船航天员在飞船从地球阴影区到光照区拍摄的太阳电池阵逐渐变亮的过程

池阵不能展开而宣告失败，因此一到此刻设计师们都非常紧张。神舟号飞船已飞行了 7 次，不论在光照区还是在阴影区，全部顺利展开，这与在地面充分进行模拟失重、高低温状态下的展开试验是分不开的。

电池板对准太阳，才能最大限度地接收光线。要使贴有电池片的电池板对准太阳，还需一个驱动机构转动太阳电池阵，转动的方向、速度是由姿态控制系统通过测量和计算进行控制的。

厚约 0.2 毫米的太阳电池片，由近十层功能不同的材料组成。太阳电池片上面的石英盖片，用于减少对太阳光的反射，滤去有害的紫外线，同时可以提高太阳电池耐受空间带电粒子辐射损伤的能力，减少太阳电池性能的衰降。

飞船运行轨道上的太阳光强是每平方米 1 353 瓦，一片面积为 10 平方厘米、在 25 ℃时光电转换效率为 15% 的硅太阳电池，能发出的电功率是 1 353 瓦 × 0.01 × 0.15=0.2 瓦。光照时，电池片的最高温度为 70℃，在阴影区时，最低温度为 －80℃。高温下，电池片的转换效率约下降 20%。太阳电池片的电压与电流、功率的关系见图 8－9。由图 8－9 可见：太阳电池工作在 V_m 下才能得到最大的功率输出；当工作电压小于 V_m 时，太阳电池输出的电流近似为常值，可利用该特性对蓄电池组进行恒流充电；用一个

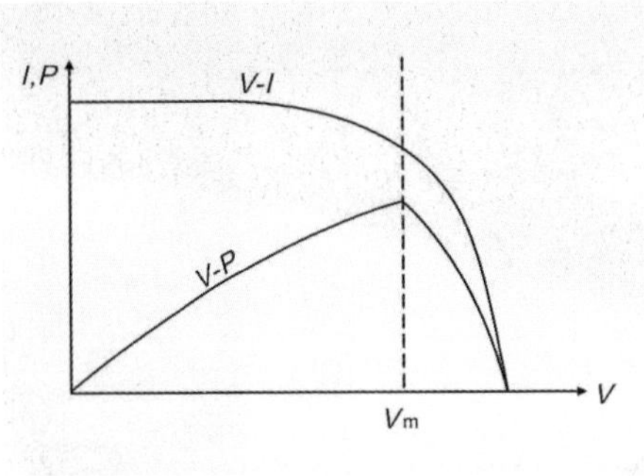

图8–9　太阳电池的 V–I 和 V–P 曲线

V—太阳电池工作的电压；
I—太阳电池输出的电流；
P—太阳电池输出的功率

分流调节器把负载的电压控制在 V_m 上，则既可从太阳电池阵中获取最大的功率，又可实现稳压供电。

如果上面所说的10平方厘米的电池片产生的最大电压为0.5伏，那么，将60个电池片正、负极串联起来，就可得到功率为12瓦、电压为30伏的一个小发电厂。太阳电池阵上有上百个这样的小发电厂，把100个小发电厂并联起来就可提供1 200瓦的电功率，坏掉一个小发电厂对太阳电池阵的供电能力影响也不大。

太空环境是十分恶劣的。例如，在轨飞船的太阳电池阵一天要经受16次、−80～70℃的循环温度的考验；要遭受一种腐蚀性极强的原子氧的侵蚀；强紫外线照射会使材料变脆变暗；一种叫等离子体的气体能把飞船、太阳电池阵充上负的几百伏以上的静电；遇到太阳耀斑时，太阳电池阵的性能还会受到损害。因此，太阳电池阵的“体魄”必须设计得特别强壮，能长时间地经受这些恶劣环境的考验，性能不会显著下降。

5. 空间站与飞船的电源分系统有什么不同

空间站与飞船电源分系统的不同点，首先是空间站工作寿命长，一般要求空间站的电源分系统能工作数年以上，例如俄罗斯和平号空间站工作了15年；其次是要求的功率大，一般要求数千瓦至数十千瓦，国际空间站的电源功率则高达110千瓦。空间站对电源分系统的高可靠、长寿命、大功率要求，使其具有以下主要特点：

1）要用100伏以上的电压输电。高压输电可以降低输电线路的能量损耗。高压电池阵的不利之处是，在低轨道等离子体环境下，容易发生电弧放电，烧毁太阳电池板，因此必须采取防护措施。

2）庞大的太阳电池阵要在空间进行组装。俄罗斯和平号空间站太阳电池阵的总面积为76平方米，展开后长度近30米，三翼中的一翼和附加的电池板是在空间组装完成的。国际空间站中美国承担建造的4对太阳电池阵都是在空间装配成的。这些电池板用航天飞机运至空间站，由航天员出舱装配。

3）现有的太阳电池阵和贮能蓄电池的寿命还达不到空间站要求的寿命，因此，部分电池阵和蓄电池组需要在天上进行更换。电池阵和蓄电池的结构要便于航天员或机械臂操作。

4）配电复杂。空间站的舱段多而长，用户对供电要求也不一样，有的要用直流电，有的要用交流电，有的需要100伏电压，有的需要28伏电压，因此采用100伏统一供电，用户自身变换成所需电压的办法。这种分散配置的办法，好处是用户间的相互影响小，但负担加重，转换过程中能量损耗也较大。为此，可以采用部分电压体制一样的用户集中变换的办法。

有的舱段自身有太阳电池阵－蓄电池组电源分系统，空间站要将各舱段中电源分系统联网，统一调配电力。例如，飞船停靠在空间站时，飞船上的电压要由28伏变换成100伏，或空间站的电压从100伏变换成28伏，飞船和空间站才能联网调配电力。

6. 电源分系统在地面怎样作试验

为保证电源分系统上天后能正常可靠地工作，在地面必须模拟空间环境进行系统试验。这些试验包括：太阳电池阵的性能试验和展开试验；贮能蓄电池的充放电循环寿命试验；电子设备的可靠性试验。

太阳电池阵的性能试验项目多，也复杂。电池片材料的抗原子氧、电池片胶贴的耐高低温循环、电池片受带电粒子辐射的损伤等试验可以用小试件作，成本比较低。模拟飞船发射时太阳电池阵在压紧状态下经受强烈的振动冲击，之后仍能可靠展开是必须作的试验。展开试验要模拟失重、真空和太空温度环境。把每块电池板悬挂起来（图8－10），使悬挂力刚好等于每

图8-10 太阳电池阵地面展开试验

块板的重量又通过它的重心，用这样的办法来模拟太阳电池阵的失重，悬挂机构在导轨上移动的阻力，要设计得非常小。模拟入轨时的温度，首先要计算可能遇到的最低温度，太阳电池阵要放在比该温度还低20℃的大型温控箱内进行展开试验。由于太阳电池阵在地面展开时受空气阻力的影响，展开时间比在真空展开要长，因此需要通过计算修正展开时间。

贮能蓄电池组则要放在温控箱内模拟外界温度，用天上实际的放电电流放电37分钟，用实际的充电电流充电，最长充满时间允许54分钟。进行充放电循环寿命试验，一个循环要花91分钟，半年的循环寿命需要花半年的时间，目前还没有更好的办法来缩短试验时间。

电源分系统有许多发热量较大的电子设备，大家知道，温度高的电子设备容易出故障。为了能在地面及早发现设计、工艺和制造方面的不足，以便加以改进，可把电源分系统的全部电子设备装在一个可移动的小车里，连接成一个系统，通上电后在高温箱和低温箱来回移动数十天，这样比用单台产品作高低温试验更省力，也更全面。

用实物和部分模拟设备组成一个电源分系统，名为故障判断和对策验证平台。这个系统可以设置多种故障模式、模拟地面发出的遥控指令、测量电源分系统各个环节的工作状况，用来验证出现某种故障时系统有什么反应，参数有什么变化，以便在天上出现同样问题时可以及时准确地判断故障原因。采取措施后，也可利用这个平台来验证措施是否有效。有这样一个平台，对保证飞船的安全性、可靠性是非常重要的。

第九章

飞船的推进分系统

飞船在轨飞行期间，轨道机动和姿态控制的动力从何而来？它是由飞船推进分系统提供的。

飞船推进分系统产生的动力，来自于其携带工质所含能量的转换，先由化学能转变为热能，再转换为动能。

神舟七号飞船推进分系统由返回舱推进子系统，轨道舱推进子系统和推进舱推进子系统组成。

1. 飞船推进分系统的功能

飞船推进分系统的任务是为飞船轨道机动和姿态控制提供动力。换句话说，是为飞船提供质心运动的推动力和绕质心运动的控制力及稳定力。

神舟号飞船推进分系统的具体功能如下：

1）在运载火箭发射段抛整流罩前的应急救生情况下，为逃逸的返回舱在从逃逸飞行器中分离后的飞行提供控制的动力；

2）运载火箭抛掉整流罩后，一旦出现严重故障需要逃逸救生时，为飞船逃逸调姿、变轨及着陆点控制等提供动力；

3）正常飞行情况下，当飞船与运载火箭分离后，为飞船的飞行提供轨道机动、姿态控制、返回制动、再入控制等所需的冲量；

4）飞船轨道舱留轨利用时，为轨道舱提供机动飞行和姿态控制的冲量；

5）当飞船执行空间交会对接或运输任务时，提供小推力平移和姿态控制的冲量。

大家知道，动力是能量的一种形式，它可以转换而不会凭空产生。飞船推进分系统产生的动力，来自于其携带工质(推进剂)所含能量的转换，先由化学能转变为热能，再转换为动能。

飞船发射进入太空后，将在真空环境中工作，其推进分系统的工质只能完全由自己携带（它不像喷气式飞机那样只需自带汽油，借助大气中的氧气与汽油混合燃烧而产生能量)，而且，液态工质便于贮存，且能适应需要多脉冲工作的开关控制。所以，飞船推进分系统属于液体火箭推进的范畴。

飞船液体推进分系统是由机械、电子、热控三类产品组成的一个整体。机械产品有：贮存工质的贮箱；贮存给贮箱增压用气体的高压气瓶；用于工质能量释放产生推力的推力室；用于液、气体流动开关控制的各种阀门等。电子产品有：用于测量温度、压力和位移的传感器；用于接受控制系统和遥控指令以及驱动电磁阀门的控制驱动器；用于进行传感器遥测信号变换的变换器等。热控产品有：系统管路和阀门等上面包敷或安装的加热带、加热器，以及用于自动温控的温控仪等。上述机械产品用金属导管、电子和热控产品用线缆等将推进分系统连接成一个整体，飞行期间，根据控制和遥控指令，产生飞船正常运行所需的动力。

2. 飞船的单组元液体推进子系统

依据飞船所采用工质（推进剂）的种类多少，推进分系统可以分为单组元(一种工质)和双组元(两种工质)两种。

单组元推进子系统因为只贮存与供应一种工质，所以相对比较简单、可靠，它的气液供应原理如图9－1所示。不过，作为其性能指标之一的比冲（即推力与每秒消耗的推进剂总质量流量之比，又称做比推力）较双组元发动机要差一些，所以广泛用于推进剂总量不大、对比冲要求不高、寿命一般在3～5年以下的中、小型卫星或飞船的轨道舱、返回舱等。

图9－1 单组元液体推进子系统气液供应示意图

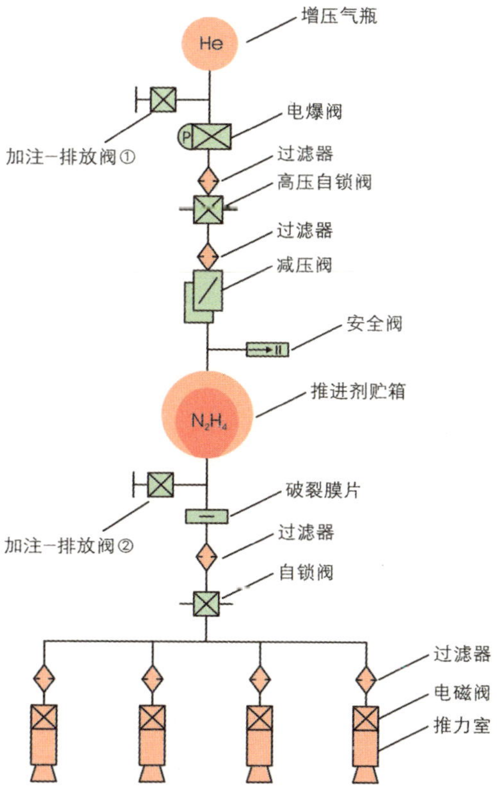

图9－1中，主要部件的功能如下：增压气瓶内贮存着高压氦（He）气，可以给推进剂贮箱增压，以便将推进剂输送至推力室。加注－排放阀①向增压气瓶内充氦气和在必要时将增压气瓶中的氦气排放出来。电爆阀在推进分系统工作前将增压气瓶与下游阻断，以确保安全。高压自锁阀和电爆阀的作用一样，但它可以在开启后需要时再关闭。减压阀的作用是降低从增压气瓶来的氦气压力，并保持降低后的压力稳定在一个固定值。安全阀的作用是一旦减压阀失效，避免减压阀后的气体压力过大，从而导致推进剂贮箱破裂。推进剂贮箱内有橡胶囊，囊内装有推进剂（如肼N_2H_4），加注－排放阀②用于向贮箱内加注推进剂，必要时也可从该阀门将推进剂从贮箱中排放出来。电磁阀是控制推进剂流入或阻断流入推力室的阀门，也就是控制

发动机工作和停止工作的阀门。

由图9－1可见，单组元液体推进子系统是这样工作的：发射前，系统中的气瓶充气和贮箱加注推进剂等已按要求完成，并分别由常闭电爆阀和破裂膜片等与下游隔断，其余阀门也处于关闭状态。发射后，在飞到大气层外和返回舱推进分系统启动工作前的准备过程中，首先将自锁阀以及全部发动机头部的电磁阀打开，进行管路的真空放气，以免推进剂在充填管路系统时夹杂大量气体而影响发动机正常工作。放气结束后，仍将上述阀门关闭。系统开始工作时，先将电爆阀通电使其打开，再打开高压自锁阀门，增压气瓶中的高压气体经减压阀减压后转变成低压气体对推进剂贮箱增压。进入贮箱后的增压气体挤压胶囊内的推进剂N_2H_4，当压力达到一定值时，贮箱下游的破裂膜片破裂，推进剂充填到自锁阀前。继之自锁阀打开，推进剂充填到发动机电磁阀前，此时准备工作结束。需要发动机工作时，只要通电打开相应发动机的电磁阀，推进剂就喷入发动机推力室并产生需要的推力。根据控制指令，发动机可以连续工作，也可以脉冲工作。

单组元推进子系统采用的工质有无水肼(N_2H_4)和过氧化氢(H_2O_2)两种，它们工作时分解成低分子量的气体，同时释放出大量的热；即

$$4N_2H_4 \rightarrow 4NH_3+2N_2+2H_2+Q_{热}$$

$$2H_2O_2 \rightarrow 2H_2O+O_2+Q_{热}$$

两者相比，无水肼的比冲高于过氧化氢，对杂质的敏感程度也低于过氧化氢，且使用经验比较丰富，基本上“垄断了”单组元推进子系统。不过无水肼的毒性高于过氧化氢，所以有的载人航天器舱段，如俄罗斯联盟号系列飞船的返回舱，仍选择过氧化氢。

3．飞船的双组元液体推进子系统

顾名思义，它采用的工质有两种，一种为氧化剂，另一种为燃料。

可作为氧化剂的工质有多种，如液氧(气氧)、液氟、硝酸、四氧化二氮、过氧化氢、五氟化溴、氯酸等。在这些工质中，有的毒性和腐蚀性太大，有的沸点太低，难以在空间长期贮存，加上点火启动及使用维护复杂等，经综合比较和选择，当前适用于载

人飞船或其他长期在空间飞行的航天器的常温氧化剂，只有硝酸和四氧化二氮，尤以四氧化二氮最为合适。

可作为燃料的工质也有多种，如液氢、液氨、无水肼、偏二甲肼、混肼、一甲基肼、煤油、甲烷、乙醇、五硼氢等。经综合比较和选择，适用于载人飞船和其他长期在空间飞行的航天器的常温燃料，只剩下混肼、偏二甲肼和一甲基肼，其中偏二甲肼和一甲基肼现分别为俄罗斯和美国优先选用。

双组元液体推进子系统的工作机理不同于单组元推进子系统，前者系碳氢燃料与氧化剂发生剧烈化学反应(燃烧)并产生高达3 000 ℃以上的由CO_2、H_2O、CO、N_2等组成的热燃气；而后者系分解反应，产生的燃气在1000 ℃上下，表明它释放的能量低，这也是它的比冲较低的原因所在。

双组元液体推进子系统气液供应原理如图9–2所示。由于推进舱推进子系统为船上的主动力，要求安全性和可靠性均在0.999以上，并且要求“一次故障正常飞行，两次故障安全返回”。所以，除增压气体和推进剂贮量外，其余均为冗余设计，分为主份和备份。气路采用井型布局，液路采取交叉供应方式。由于真实系统比较复杂，图9–2仅为示意。

双组元液体推进子系统的真空放气、增压和推进剂充填过程，原则上与单组元液体推进分系统一样，除发动机由主份工作(主份出现故障时切

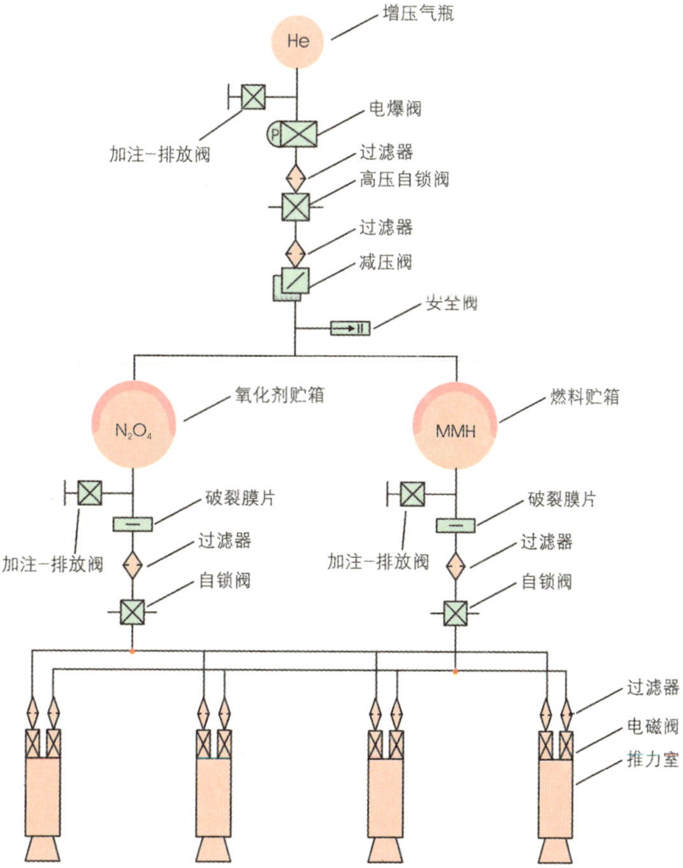

图9–2 双组元液体推进子系统气液供应示意图

换到备份工作)外，其余气液系统均同时参与。贮箱也都进行推进剂排放，以达到均衡和减少整船质心偏移的影响。当某路自锁阀下游的压强下降到规定的下限值时，可判定自锁阀下游存在推进剂泄漏，此时将永久关闭该管路上游的燃料(或氧化剂)自锁阀以及相应的氧化剂(或燃料)自锁阀，将主(或备份)路的发动机工作也全部切换到另一路。此外，当贮箱箱压超过上限允许值时，将关闭该路减压阀前面的高压自锁阀；反之，若箱压下降到某下限允许值时，则应重新打开对应的高压自锁阀。

4. 大型金属膜片贮箱

飞船等航天器在轨飞行时，往往需要在微重力的作用下进行科学实验。通常，贮箱受到外界干扰时，箱内的液体推进剂会产生晃动，影响科学实验的进行。晃动的幅值与晃动力的大小成正比。神舟号飞船对此有明确的要求，推进分系统的 7 个贮箱受外界干扰时，箱内推进剂的晃动力总和，不得大于 5 牛。

表面张力贮箱尽管有很多优点，但因贮箱内的液体和气体没有隔离面，受外界干扰时，箱内推进剂必然产生晃动，而且越来越有足够大的晃动空间，因而将产生比较大的晃动力。当然，可以采取减小晃动力的措施，如增加防晃隔板以减小晃动幅值等，但要达到只有几牛晃动力的水平，设计上很难做到，也很不合理。

金属膜片贮箱和表面张力贮箱一样，既能对推进剂进行管理，又能与 N_2O_4 等强腐蚀推进剂长期相容。它的工作特点是有一只金属膜片将增压气体与液体推进剂完全隔离。

从图 9－3 可以看出，金属膜片贮箱由壳体、膜片、连接环、支承环等组成，材料为铝合金。整个贮箱的关键所在就是通过连接环与壳体焊接在一起的“变厚度、变曲率”的金属膜片。该膜片的厚度公差、膜片硬度及其均匀性等要求都非常严格。

在加注状态下，膜片靠近上半球壳体，贮箱工作时，在增压气体作用下，膜片压在箱内液体推进剂的上面，并随箱内推进剂的排放而下降。当贮箱内推进剂将排空时，膜片则翻转而贴近下半球的壳体。由于膜片下面为充满推进剂的液腔，不存在液体可

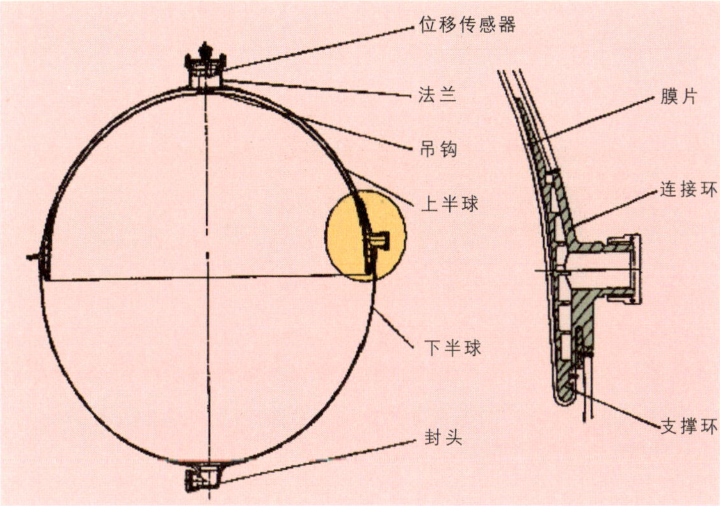

图 9–3 金属膜片贮箱结构示意图

以晃动的空间，因而也就消除了产生晃动力的可能。

在推进剂排放过程中，膜片基本上产生对称变形，并随液面下降而下降，其下降的高度与箱内推进剂排出的总量相关。利用这一特点，在贮箱的顶部装设位移传感器，以便在飞行中不断测量贮箱内推进剂的剩余量。

俄罗斯联盟TM飞船采用了金属膜片贮箱，被认为是对联盟T飞船的五大改进之一。神舟号飞船推进舱推进子系统也选用了金属膜片贮箱。不过，如果对航天器没有限制晃动力的要求时，还是采用表面张力贮箱为佳。因为金属膜片贮箱的质量通常比表面张力贮箱要大一些，而且从目前情况看，它仅适宜于做成球形，所以没有得到更广泛的应用。

5. 肼分解发动机

肼分解发动机又叫肼分解推力器，它由一个控制阀门和推力室组成，见图9–4。它将单组元推进剂分解、释放能量，最后转换成航天器需要的动力。这种发动机的比冲较低，因此多用作对性能要求不高的姿控发动机。神舟号飞船的轨道舱姿控发动机和返回舱姿控发动机均为肼分解发动机。

控制阀可以采用气动液阀等，但最常用的则是蜗壳式电磁阀

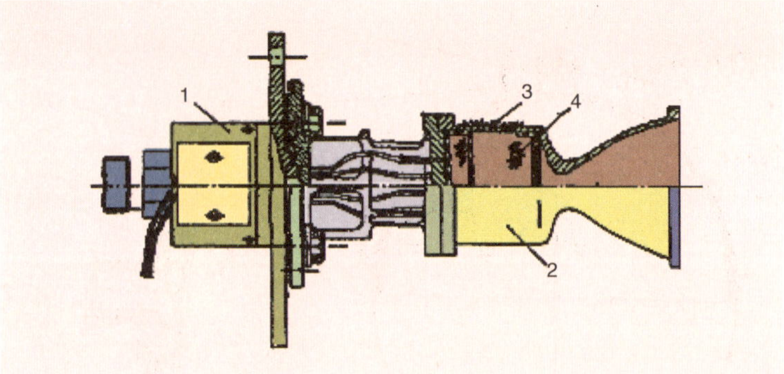

图 9-4 肼分解发动机结构示意图

1—主控制阀；
2—推力室；
3—温控装置；
4—催化剂

门。它由壳体、线圈、阀芯、阀座等组成。通电时阀门打开，断电时阀门关闭，以此控制推进剂进入推力室。这种阀门有时设计成双阀芯结构，以提高关机后阀门的密封性。

推力室分为喷注器头部、身部和喷管三部分。

喷注器头部由头部底板、毛细管和阀门对接法兰和骨架等钎焊而成。采用这种结构形式，在于减少发动机不工作时由推力室高温热返浸可能造成的危害(阀门前停滞的无水肼或过氧化氢的温度达一定值时，将会引起突然分解或发生爆炸)。

推力室身部的圆柱段内腔，装填有专门促使推进剂迅速分解的催化剂。对于无水肼，这种催化剂的基体为带有无数微孔的三氧化二铝小颗粒，其表面为沉积的一层铱。

发动机的喷管为拉瓦尔喷管，用于加大推进剂分解后产生的高温燃气的喷射速度。喷管的轴线有时与身部轴线呈一定角度，这主要是由安装要求确定的。

由于单组元推进剂的分解温度不高，一般在1 000℃上下，所以这种发动机推力室所用的材料，通常选择高温合金钢即可。

6. 双组元液体发动机

双组元液体发动机由氧化剂、燃料主控制阀和推力室（也叫燃烧室）等组成，如图9-5所示。

主控制阀方案主要根据工况进行选取，若为脉冲工作，则方案同单组元发动机；若系稳态工作模式，则可采用双稳态电磁阀(短暂通电即可打开并保持，再次短暂通电时则关闭)，这样可以节省航天器上的电能。

推力室同样由头部、身部和喷管等部分组成。头部是推进剂进入、喷注和混合区域。根据喷注的方式，可采用直流孔的直流式喷嘴和切向进入的离心式喷嘴，材料一般选择钛合金或不锈钢。身部为燃烧区，由于双组元液体发动机推进剂的燃烧温度达3 000℃以上，任何金属和非金属材料都难以承受，解决的办法只能是设计好壁面的冷却；对推力较大的发动机，在系统压力允许的情况下，可以采用外冷却(推进剂从室壁的夹层内流过)和液膜冷却(向推力室内壁表面单独喷射一种推进剂，形成向下游流动的液膜)，使壁面保持在1 000℃以下的温度。所以，室壁材料可选用钛合金、不锈钢(甚至青铜)等，还可以同时对壁面喷涂高温抗氧化涂层。对推力较小的发动机(如神舟号飞船推进舱的发动机)，由于外冷却流量不足以及压力不允许等原因，只能采用辐射冷却加内冷却的方式。这时推力室的室壁系单壁，温度虽较高，但材料选择铌－铪或铌－钨合金，同时壁面喷涂高温抗氧化涂层，壁温一般控制在1 300～1 400℃即能可靠工作。喷管为先收敛再扩张的拉瓦尔喷管，以便得到高超声速喷射气流，亦即提高比冲。近年来，为提高性能，喷管的面积扩张比(出口面积与喷管喉部最小直径处面积之比)有不断加大的趋势，喷管选用的材料可以与身部一样(铌－铪或铌－钨合金)。国外某些设计在喉部前后温度最高区段焊上一段可耐更高温度的铼－铱或铂－铑等贵金属，而在喷管再扩张的延伸后段采用轻质的钛合金或C/SiC 复合材料。

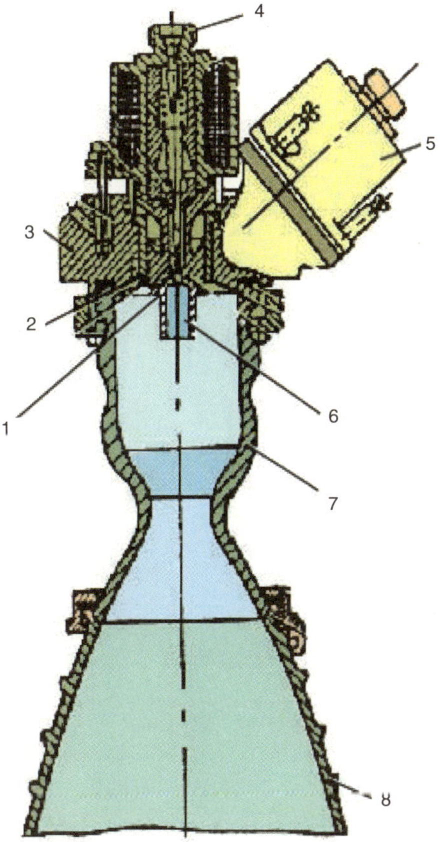

图 9–5 双组元液体发动机结构示意图

1—主喷注孔；
2—液膜冷却孔；
3—喷注头部壳体；
4—氧化剂电磁阀门；
5—燃料电磁阀门；
6—预燃室喷注孔；
7—推力室；
8—喷管

7. 神舟号飞船推进分系统发动机的布局

神舟号飞船推进分系统由在轨道舱、返回舱和推进舱上的三个独立的子系统组成，共52台发动机，安装布局如图9－6所示。

(1) 轨道舱推进子系统

轨道舱采用肼分解推进子系统，共有16台推力为5牛的发动机（按主、备份配置，各有8台，用于姿态控制，详情见表9－1）。

上述16台发动机分为4个机组，安装于舱段尾部的4个象限线上。当留轨的轨道舱需要变轨时，可选用8台姿控发动机（即4台俯仰控制发动机和4台偏航控制发动机）共同工作，或选用4台姿控发动机（即2台备份俯仰控制发动机和2台备份偏航控制发动机）共同工作，实现留轨舱的轨道控制。

表9－1　轨道舱推进子系统发动机配置情况

名称 ＼ 台数 ＼ 主、备份	主份	备份
俯仰控制发动机	2台	2台
偏航控制发动机	2台	2台
滚动控制发动机	4台	4台

(2) 返回舱推进子系统

返回舱也采用肼分解推进子系统，共有8台推力为150牛的发动机，其中仅滚动控制采用冗余配置（详情见表9－2）。由于2台俯仰控制发动机中，只要有1台工作，就可以使返回舱在再入过程中在俯仰通道上处于稳定状态，实际上是2台互为备份；偏航控制发动机也是一样。

表9－2　返回舱推进子系统发动机配置情况

名称 ＼ 台数 ＼ 主、备份	主份	备份
俯仰控制发动机	2台	
偏航控制发动机	2台	
滚动控制发动机	2台	2台

上述8台发动机分成5个机组，其中：装有2台俯仰控制发动机的机组有1个，安装于返回舱中部偏上；装有1台偏航控制发动机的机组有2个，安装于返回舱的上部；装有2台滚动控制发动机的机组有2个，安装于返回舱的下部。

（3）推进舱推进子系统

推进舱推进子系统用于整船（三舱组成）状态的控制和两舱（返回舱与推进舱）状态的控制。推进舱采用双组元液体推进子系统，冗余设计，发动机最多，共有：16 台推力为25 牛的姿控发动机；8 台推力为150 牛的姿控发动机；4 台推力为2.5 千牛的轨控发动机。其中主、备份中用于俯仰控制的各有2 台150 牛和2 台25 牛的发动机；用于偏航控制的同样各有2 台150 牛和2 台25 牛的发动机；用于滚动控制的各有4 台25 牛的发动机；用于轨道控制的各有2 台2.5 千牛的发动机。当需要对飞船进行轨道控制（包括返回制动控制）时，由2 台推力为2.5 千牛的发动机作为主份轨道控制发动机提供动力。如果这2 台发动机之一（或同时）失效，则以另2 台推力为2.5 千牛的发动机作为备份轨道控制发动机提供动力。一旦上述主、备份2 个机组均失效，则需启用推力为150 牛的8 台姿控发动机作为变轨控制使用。

这28 台发动机中的24 台姿控发动机组成8 个机组：4 个4 发动机机组（2 × 150 牛 +2 × 25 牛）安装于推进舱下部的承力截锥体上；4 个双发动机机组（2 × 25 牛）安装于推进舱上部接近端面的地方。4 台推力为2.5 千牛的轨道控制发动机则通过专门设计的机架，安装于推进舱下部的承力截锥体中间。

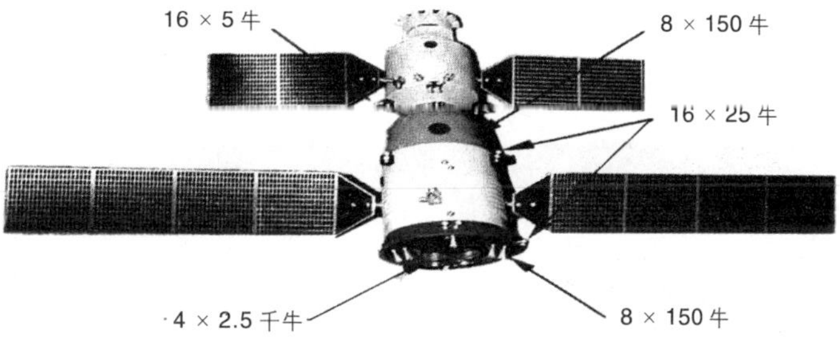

图 9–6 神舟号飞船推进分系统发动机安装布局

8. 神舟号飞船推力2.5千牛发动机的地面试验

推力为2.5 千牛的发动机是飞船的主动力，它的工作可靠与否，直接影响到飞行的成败。

要保证发动机工作可靠，必须进行严格的试验，主要是在地面环境或模拟高空环境中进行热试车。这里所说“可靠”的概念有两种：一是性能可靠性，要求发动机工作时的推力、混合比(氧化剂秒流量／燃料秒流量)、比冲(总推力／每秒消耗的推进剂总量)等参数不仅准确，而且与要求值偏差很小；二是结构可靠性，即在空间恶劣环境下工作时，结构要完整无损，并一直保持正常。特别是飞船等航天器所使用的发动机有这样的特点：交付飞行的产品，不能作热试车（热试车指地面发动机点火工作试验），作过热试车的产品不能交付飞行。发动机可靠与否，必须用一定数量子样的地面模拟试验结果做旁证。

研制最初阶段的热试车，一般用截短喷管的单机在大气环境下进行，一旦方案确定需进行可靠性考核时，则应在模拟高空环境下(真空舱中)进行。热试车时，每秒钟都有大量推进剂燃烧成为高温燃气，真空舱必须具有很强的抽吸能力，使舱内始终保持一定的真空度(模拟高度)，这是一件很难做到的事。因此该类试验，一般将发动机的推力限制在数千牛以下，模拟的高度也只能达到数十千米的基本试验要求。

在推力为2.5千牛发动机的研制过程中，曾遇到过两大技术问题，最后都是通过地面试验解决的。一是发动机设计最感头痛的燃烧不稳定问题，在第一次地面热试车时，启动瞬间推力室就被烧毁，随即启动“备用方案”，在推力室头部周边增加了声腔装置，才抑制住了“不稳定燃烧”的发生；二是4台发动机并联工作时，由于都采用辐射冷却，在相互辐射作用下，产生局部温升。距离愈近，局部温升愈高，严重时可能造成局部烧穿。后经计算和采用电阻加热法进行地面试验，表明局部温升虽然存在，但在神舟号飞船的具体条件下，温度约增30℃，尚在壁温的安全控制范围以内。

图9–7 推力2.5千牛的发动机4机并联热试车

图9–7为4机并联热试车现场。

第十章

飞船的制导、导航与控制

制导是把飞船从某个位置引导到另外一个给定位置的过程；导航是用测量装置确定飞船的所在位置和方向的过程；控制是把飞船的船体相对基准方向的偏转角度控制到给定的大小的过程。制导、导航和控制三者互相配合，共同完成对飞船的运动控制任务。

1. 飞船的制导、导航与控制分系统

完成飞船制导、导航与控制三大任务的系统称为制导、导航与控制分系统,简称GNC 系统。

什么是制导?制导的英文名称是Guidance。把飞船从某一位置引导到另一位置的过程就叫制导，比如把飞船从运行轨道引导到位于我国内蒙古的预定回收区。

什么是导航?导航的英文名称是Navigation。用测量装置测量飞船的运动参数并确定飞船所在位置和飞行方向的过程叫做导航。

什么是控制?控制的英文名称是Control。控制是把飞船船体相对基准方向的偏转角度控制到给定的大小，换句话说也就是控制飞船在空间的方位。谈到方位就需要一个参考坐标系。如果以读者现在所站的位置为坐标原点，所站位置的前后、左右、上下就是3 根基准坐标轴，用这个坐标系就可以描述人体的转动角度了，例如：左转90°，右转45°等。相对基准坐标系的方位就叫姿态。同样，飞船船体相对它的基准坐标系的方位，称为飞船的姿态。把飞船姿态控制到给定的方位就叫姿态控制。

制导、导航和控制三者互相配合，共同完成对飞船的运动控制任务。

飞船的GNC 计算机用导航得到的有关飞船所在位置、飞行速度、飞行方向等数据，把飞船引导到预定的地点（目标位置)。

导航是为制导服务的，没有导航就不可能完成制导任务。如果不知道飞船所在位置和飞行方向，就不可能把飞船引导到指定位置。就像读者要去天安门，必须知道天安门的方位（目的地)，还必须知道自己所处的位置。如果自己在天安门的南面，就应该向北走，如果自己在天安门的北面，就应该往南走。否则，就会南辕北辙，到达不了目的地。

控制在完成制导任务中具有重要作用。因为飞船的制动发动机一般安装在飞船的尾部，如果飞船需要减速制动时，就需要把飞船的姿态转动180°。如果姿态控制失效，没有转180°，而是只转了30°，那么原来预想的减速就变成了加速，此时飞船飞得更高，航天员可能就回不了地球了。

制导是控制飞船在前后、左右、上下方向上的平移运动；而控制则是控制飞船相对质心的转动。飞船制导、导航和控制分系统控制飞船的平移运动和飞船绕质心的转动运动，因此又称为飞船的运动控制分系统。

2. 制导、导航与控制分系统的任务

在发射段，当运载火箭发生故障、危及航天员生命安全时，由逃逸飞行器带着飞船逃离危险区域或船箭应急分离，使飞船脱离危险区，并将航天员安全送回地面。在这个过程中，GNC系统要完成飞船的救生控制任务。

在轨道运行段，GNC 系统要对飞船的姿态和轨道进行控制，使飞船处于所需要的姿态和轨道；同时，要控制飞船的太阳电池阵，使它对准太阳，保证给飞船供电；对于有交会对接任务的飞行，GNC 系统还要完成交会对接的运动控制。如果遇到紧急情况，如航天员生病，或由于微流星碰撞而使飞船返回舱泄漏等，要控制飞船把航天员紧急送回地球。在应急状态下，可以控制整船对日定向（图10-1）。

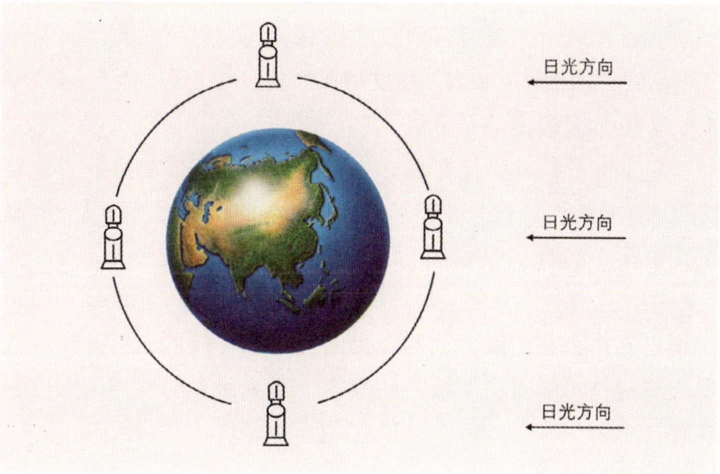

图10—1 神舟号飞船整船对日定向状态示意图

在返回段，GNC 系统要控制飞船返回制动发动机的点火姿态，完成飞船返回制动控制任务，使飞船脱离环绕地球的运行轨道，进入返回轨道。进入大气层后，GNC 系统要将飞船安全、准确地控制到预定着陆区，同时将大气引起的减速过载控制在航天员能够承受的范围之内。

对于有轨道舱留轨任务的飞船，GNC 系统还要完成留轨舱的运动控制任务。

3. 制导、导航与控制分系统的工作特点和设计原则

(1) GNC 系统的工作特点

第一，GNC 系统承担的控制任务繁重而又关键。GNC 系统的控制任务包括发射段的救生控制，轨道运行段的姿态确定、姿态控制、轨道控制和维持、空间交会和对接控制、航天员应急返回控制，返回段的建立飞船返回制动姿态、飞船脱离正常运行轨道的制动控制以及飞船再入大气层的飞船升力控制。GNC 系统关系到飞船飞行任务的成败和航天员的生命安全，是飞船关键的分系统。

第二，GNC 系统的技术难度大。飞船在飞行过程中，一旦出现致命性故障，随时需要救生控制。从发射到入轨，飞船的飞行高度、飞行速度和大气密度均在大范围内变化，因此，GNC 系统必须具有很高的适应性。

在发射段抛掉整流罩后，如果运载火箭发生危险，飞船要快速逃离危险区，并且在长达1000 千米的轨迹上，将飞船控制在几个狭小的海上应急救生区溅落，技术难度相当大。

在太空飞行 7 天之后，GNC 系统要把飞船安全准确地控制到预定的狭小着陆区，这对飞船的姿态确定技术、导航技术和姿态控制技术都提出了很高的要求，需要研究一系列航天控制高新技术。

第三，GNC 系统的可靠性和安全性要求高。当出现一个故障时，系统还能够正常工作，完成预定的飞行任务；当出现两个故障时，系统能够保证航天员安全返回地面。

第四，GNC 系统要求能够自动进行故障诊断和发现故障设备，能够对故障进行自动隔离，发生故障的设备不能影响其他设备正常工作。GNC 系统还要能够切除发生故障的设备，选用备用设备，重新构成一个能够完成飞船控制任务的系统，这叫做“系统重构”。

第五，GNC 系统应同时具有自动和航天员手动控制子系统，这是飞船与卫星的一个重大区别。当GNC 系统的自动控制子系统失效后，航天员可以操纵手动控制子系统，控制飞船安全返回。

（2）GNC 系统的设计原则

GNC系统的第一个设计原则是必须满足飞船制导、导航和控制任务的要求。其中包括对控制功能、控制精度、姿态稳定度、推进剂消耗量、功耗、重量以及安全性、可靠性的要求。

GNC 系统的第二个设计原则是安全性、可靠性原则。GNC 系统是飞船重要的分系统，不允许存在任何单点失效（所谓单点失效是指出现一个故障该系统的功能就丧失）。GNC 系统设计应能满足“一个故障工作、两个故障安全”的安全性技术要求，并且应有自主进行故障诊断和系统重构的能力。

GNC 系统的第三个设计原则是要正确处理继承与创新的关系。一方面，应该充分继承卫星特别是返回式卫星的成功经验和成熟技术，只有这样，才能保证安全可靠，节省研制经费，缩短研制周期；另一方面，要积极采用对扩展GNC 系统功能必需的先进技术，特别是与保证飞船安全准确地返回预定着陆区所必需的先进的GNC 技术。但是新技术在载人航天上的选用应该慎重，对新技术的比例要严加控制。

GNC 系统的第四个设计原则是正确处理好航天员手动控制子系统和自动控制子系统的关系，使航天员手动控制子系统成为自动控制子系统的备份。航天员手动控制子系统和自动控制子系统之间要合理分工，要充分利用航天员的逻辑判断能力，但操作频繁的控制功能不宜过多地让航天员承担。载人飞船手动控制子系统和自动控制子系统应尽可能独立，以保障航天员的安全。

4. 制导、导航与控制分系统的组成

GNC 系统由自动控制子系统和航天员手动控制子系统组成(图10–2)。

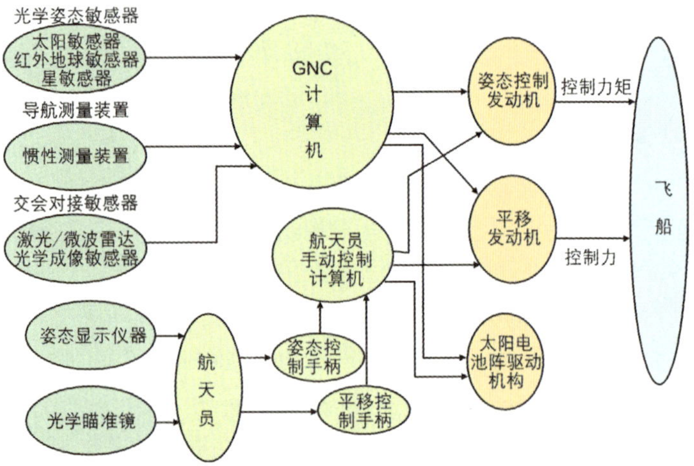

图10–2 GNC 系统组成方框示意图

自动控制子系统由敏感器、控制器和执行机构三部分组成。敏感器包括光学姿态敏感器、导航测量装置和交会对接敏感器。光学姿态敏感器又包括太阳敏感器、红外地球敏感器和星敏感器；导航测量装置又包括惯性测量装置等；交会对接敏感器又包括激光／微波雷达、光学成像敏感器等。控制器主要是GNC 计算机。执行机构包括推进分系统的姿态控制发动机、平移控制发动机以及电源分系统的太阳电池阵驱动机构。

这三部分紧密配合，缺一不可。敏感器相当于人的眼睛，观察、感知外部环境及所需控制的飞船运动的参数；控制器相当于人的大脑，综合处理敏感器所感知的信息，发出控制指令到

执行机构；执行机构相当于人的手和脚，直接把控制力和控制力矩作用到飞船上，控制飞船的姿态运动和平移运动。

航天员手动控制子系统由光学瞄准镜、仪表照明分系统的姿态显示仪表、姿态控制手柄、平移控制手柄，以及航天员手动控制计算机等组成。如果飞船的自动控制子系统失效，航天员可以通过姿态显示仪表和光学瞄准镜获取飞船的姿态信息，然后通过姿态控制手柄和平移控制手柄向航天员手动控制计算机发出信号，控制该计算机向执行机构发出指令，从而控制飞船的运动，也可以控制飞船安全返回地球。

5. 惯性测量装置的工作原理

（1）惯性姿态敏感器

惯性姿态敏感器又叫陀螺仪，是测量飞船在惯性空间姿态的器件。陀螺是大家比较熟悉的，孩子们的玩具陀螺就是一种高速旋转的物体。高速旋转的物体有一个十分重要的特性，叫做定轴性。在没有外力作用时，它的转子轴能在空间保持不动，孩子们玩陀螺就是利用了这一特性。陀螺还有一个特性是进动性，就是在与转子轴相垂直的一个轴上加力矩，陀螺的转子轴将绕垂直轴转动，用这个特性可以控制飞船姿态按一定的规律转动，进行姿态机动。陀螺有位置陀螺和测速陀螺（又称速率陀螺）两种。美国的水星号飞船、俄罗斯的联盟号飞船和我国的返回式卫星的控制分系统都用过位置陀螺，也用了测速陀螺，我国神舟号飞船只用测速陀螺。

陀螺还有挠性陀螺和激光陀螺等，其用途是测量飞船（运动物体）的转动角速度。

（2）加速度计

加速度计是用来测量飞船线加速度的敏感器，是惯性导航系统的重要部件。加速度计的种类很多，现以弹簧－质量块式加速度计为例，说明加速度计的工作原理，见图10－3。

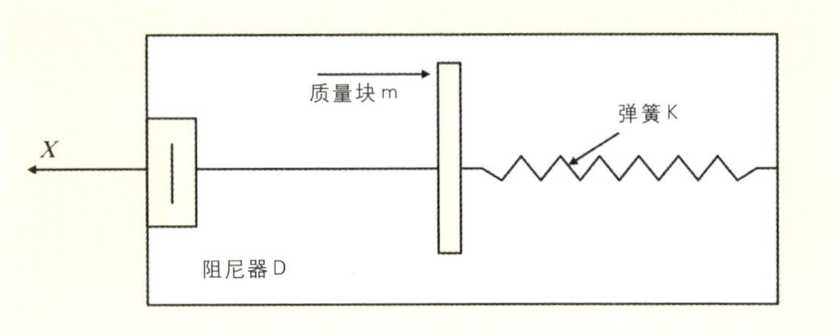

图10–3 加速度计工作原理图

加速度计由质量块 m 、阻尼器 D 、弹簧 K 、壳体及线路组成。加速度计可测量飞船 *X* 方向的视加速度。除重力之外，作用在飞船上的其他外力引起的加速度叫做飞船的视加速度。

加速度计的工作原理是：飞船的某个加速度计固连在飞船的 *X* 方向，当飞船在 *X* 方向发生视加速度时，由于质量块的惯性作用弹簧被压缩，质量块 m 发生位移，将质量块的位移信号用位移变换器变化为输出电压，即可得到飞船在 *X* 方向的视加速度。

惯性导航中，加速度计不可能测量重力加速度。因此，在惯性导航计算时，要将加速度计测量出的视加速度加上重力加速度，才能得到飞船的真实加速度。重力加速度是按飞船的地心距计算得到的。

6. 飞船制导、导航和控制计算机

飞船的运动控制器是飞船的核心部件。早期飞船用的是控制电路，例如美国的第一艘载人飞船水星号。这样的控制器功能简单，不能完成复杂的返回再入的制导、导航与控制任务。现在的GNC 系统普遍采用数字计算机作为主控制器，这个计算机简称GNC Computer或GNCC。

为了保证航天员的安全，GNCC 必须做到在发生一个故障时，能够保证飞船完成飞行任务，在发生第二个故障时，能够保证航天员的生命安全。这就是在载人飞船工程中常说的：“一个故障工作，两个故障安全。”

此外，为了提高飞船的安全性，GNC 系统还配有一个备份控制器，这个控制器的功能相对比较简单，能够控制飞船安全返回地面。

GNCC 完成对飞船的全部运动控制任务，包括：发射段导航和救生控制；轨道运行段的姿态确定和姿态控制、轨道控制和维持、应急返回控制；返回段的返回调姿和飞船离轨制动控制和返回段的导航、制导和控制。备份控制器作为GNCC 的备份，可以完成除上升段导航和救生外GNCC 所承担的其余全部控制任务。

7. 交会对接敏感器的工作原理

交会对接敏感器是在飞船与对接目标进行交会对接时，测量飞船与对接目标相对位置和相对速度的敏感器，包括微波雷达、激光雷达、光学成像敏感器等。

（1）微波雷达

微波雷达是最早采用的交会对接敏感器，苏联／俄罗斯联盟号飞船运动控制分系统采用的交会雷达КУРС就是一个成功的实例。

该雷达利用微波测距原理，测量飞船和对接目标飞行器之间的视线（瞄准线）相对距离和距离的变化率，并测量瞄准线的转动角速度在仰角转动轴和视线方位角方向的分量，测量视线相对对接平面的仰角和方位角。俄罗斯联盟TM 飞船微波雷达

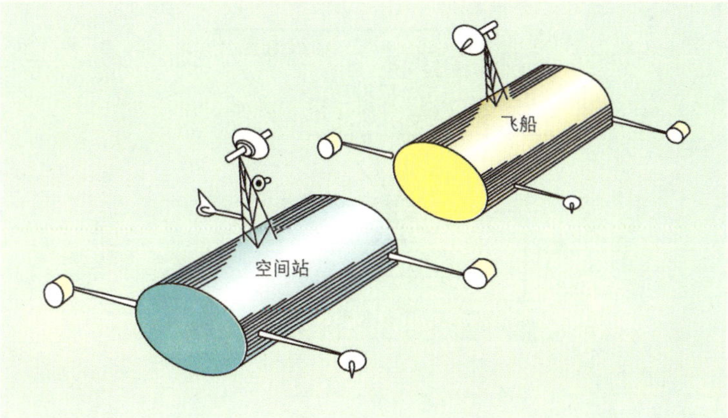

图10–4 联盟TM飞船微波雷达天线布置图

天线的布置图如图 10－4 所示。该微波雷达有搜索、捕获和定向、测量两种工作模式。

（2）激光雷达

激光雷达的工作原理是：由飞船的激光发生器发出激光束，空间站上的激光角反射器将激光反射回来，通过信号反射时刻与发射时刻之差，可以得到视线距离和距离的变化率；通过激光发射装置搜索空间时转动的角度，可以得到视线的俯仰角和方位角，将这些信息输送到计算机。计算机发出相应的姿态控制指令和平移控制指令，姿态发动机控制飞船姿态，平移发动机控制飞船质心运动，使飞船向对接目标接近，完成交会对接任务。

（3）光学成像敏感器

光学成像敏感器是用在交会最后接近段（150～0 米）的一种新型敏感器。它能测量飞船和对接目标间的相对距离 ΔX，ΔY，ΔZ；相对速度 ΔV_X, ΔV_Y, ΔV_Z；相对姿态 $\Delta\phi$, $\Delta\theta$, $\Delta\psi$ 以及相对姿态角速度 $\Delta\dot{\phi}$，$\Delta\dot{\theta}$，$\Delta\dot{\psi}$。光学成像敏感器由标志灯组件，CCD 器件和光学系统组成的 CCD 相机，以及计算机三大部分组成。标志灯组件一般由 5～6 盏红外波长的发光二极管或激光管组成，安装在对接目标飞行器（例如空间站）上。这些灯的辐射光通过 CCD 相机的光学系统在 CCD 成像器件上成像，CCD 相机的处理线路对图像进行处理，提取各盏灯的图像中心在 CCD 成像平面上的

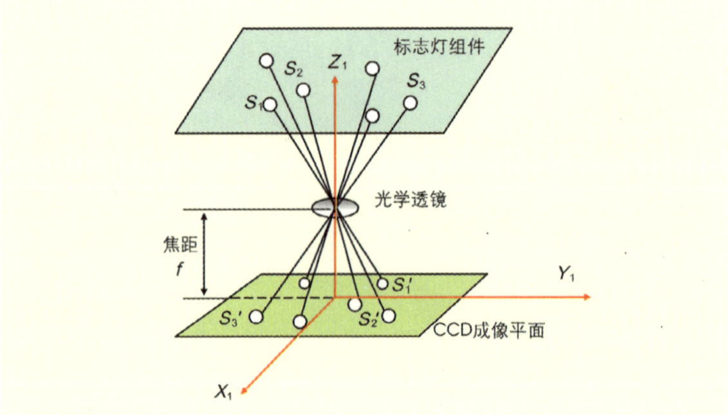

图 10－5　光学成像敏感器工作原理图

位置数据，并将这些数据输送到计算机上，由计算机算出相对距离、相对距离变化率、相对姿态和相对姿态变化率。其工作原理见图10-5。

8. 飞船在惯性空间的位置和速度是怎样确定的

飞船广泛采用的导航方法是由地球站测定飞船的飞行轨道，并预报飞船在某一时刻的轨道参数。当飞船经过地球测控站测控区域时，地球测控站将该时刻 t 及与之对应的飞船位置 X, Y, Z 和飞行速度 V_X, V_Y, V_Z，一起通过无线电数据传输系统输送到飞船的导航计算机上，导航计算机以这组数据为初始条件，用轨道动力学方程计算出飞船在任意时刻的飞行轨道参数。这样，就可以得到飞船相对地心惯性坐标系的位置和飞行速度。

9. 捷联式惯性导航系统的工作原理

什么是捷联式惯性导航系统呢？将陀螺仪和加速度计组成的惯性导航装置直接固定在飞船上，船上计算机利用测速陀螺和加速度计测得的导航信息进行导航计算，得到飞船的位置、速度和姿态信息，完成对飞船的导航任务。这样的惯性导航系统叫做捷联式惯性导航系统。

捷联式惯性导航系统的特点是将导航器件直接固定在飞船的船体上，因此没有复杂的平台转动框架，体积小、重量轻、可靠性高、经济性好。但是由于直接固定在飞船的船体上，飞船船体的振动会传递到陀螺仪和加速度计上，因此工作环境较差，需要采取减振措施；由于惯性器件直接固定在飞船上，其方向相对惯性导航坐标系随时变化，因此需要进行复杂的三角函数计算，把在飞船船体上测得的视加速度信息转换到惯性导航坐标系上，就是说需要进行复杂的导航计算。由于陀螺工作环境较差，陀螺的测量误差（术语为陀螺漂移）增大，因此需要对陀螺进行在轨标定。

10. 什么是飞船的全姿态捕获技术

如果飞船在轨运行时发生故障，例如在太空翻滚，必须采取措施让飞船停止翻滚，并将它重新控制到正常飞行姿态；否则，飞船就不可能返回地面。飞船上有航天员，这个问题必须解决，解决这个难题的技术叫“飞船全姿态捕获技术”，当然这个技术也可以应用到卫星的控制分系统上。

全姿态捕获是将飞船从任意的初始姿态或从以任意姿态角速度翻滚的失控状态转变到飞船正常飞行姿态的控制过程。它有两项重要的用途：第一是在飞船入轨后，消除飞船初始姿态误差或初始姿态翻滚，建立飞船正常工作姿态；第二是当飞船由于系统瞬间发生故障而失去姿态基准或在空间翻滚时，用来消除翻滚，重建飞船的正常运行姿态。

将飞船从任意姿态控制到正常运行姿态的关键，是飞船的GNC系统必须能够知道飞船当时的姿态。

确定飞船姿态一般要用红外地球敏感器、太阳敏感器和测速陀螺。国际上常用的方法是“太阳－地球”捕获方法和“地球－太阳”捕获方法，我国神舟号飞船采用的是“地球－地球”捕获方法。

国外通用的全姿态捕获方法都需要用到太阳敏感器，因此捕获只能在飞船飞行轨道的阳照区进行。神舟号飞船采用的是与上述方法完全不同的捕获方法，这种方法不用太阳敏感器，能在飞船轨道的任意位置进行捕获。

捕获方法的第一步是速率阻尼；第二步用红外地球敏感器捕获地垂线，使飞船的偏航轴对准地心；第三步，控制飞船偏航轴跟踪地垂线，使飞船的偏航轴保持固定的角度；第四步，按固定偏航角飞行600秒后，用飞船的红外地球敏感器和陀螺的输出确定飞船的偏航角，由于此前飞船偏航轴已经对准地心，飞船的俯仰姿态和滚动姿态已经为零，因此飞船三个轴的姿态已经定出；第五步是将飞船的偏航姿态角控制到零，完成全姿态捕获任务。

11. 再入过程怎样控制飞船的运动

从飞船关闭制动发动机到进入大气层为止，这个阶段叫做滑行段，又叫做过渡段。在这个阶段，GNC 系统有两个任务，一个是控制飞船姿态保持在制动时刻的姿态，另一个任务是在进入大气层前把飞船的姿态调整到配平攻角状态，为飞船再入大气层创造良好的工作条件。

在飞船高度降到 120 千米时，GNC 系统控制飞船的姿态，使飞船的攻角等于配平攻角（有关配平攻角的知识请参看本书第二章第 8 节）。飞船以配平攻角进入大气层，大气对飞船的姿态扰动很小，有利于对飞船的着陆点和再入过载进行控制。

飞船再入控制段的主要任务是：第一是把飞船控制到预定的着陆回收区，飞船 10 千米高度处的停控点星下点精度满足任务要求；第二是控制飞船的减速过载，把过载控制在航天员能够承受的安全范围内。在再入过程中，利用大气的阻力，将飞船的飞行速度从进入大气层时的 7.6 千米 / 秒降低到 10 千米高度时的 100 多米 / 秒，这个任务是由大气的阻力来实现的。控制飞船的着陆点和过载是利用作用在飞船上的升力来实现的（作用在飞船上的升力的原理可参见第三章第 8 节）。

在飞船再入段，强大的气动阻力使飞船剧烈减速，为了保证航天员的安全，对减速度也要控制，可以利用作用在飞船上的空气动力升力进行控制。下面简单介绍如何利用升力来控制飞船质心的运动。

飞船的升力大小由气动外形决定，我们不能改变升力的大小，但是可以改变升力的方向，通过改变升力的方向来控制飞船质心的运动。飞船的升力在纵轴和质心构成的平面内，当飞船绕纵轴转动时，升力就会随着飞船滚动角的改变而改变方向，见图 10−6。

图 10−6 是沿返回舱速度方向观察的物理量在过质心且与速度方向垂直的平面上的投影。从图 10−6 可以看出：当飞船的滚动角 $\gamma=0$ 时，飞船升力向上，飞船受到一个较大的向上升力，

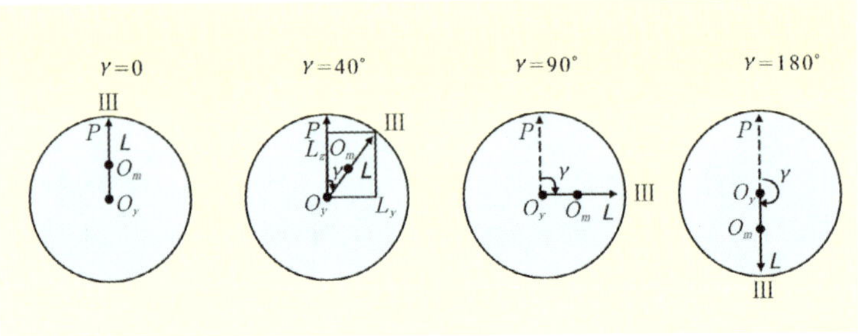

图10－6 升力方向控制原理图

O_m—返回舱质心；
O_y—返回舱质心处的升力方向与返回舱纵轴的交点；
L—作用在返回舱上的升力矢量；
γ—滚动角；
Ⅲ—返回舱上的Ⅲ象限线；
O_yP—在过 $\gamma=0$ 时的质心且与速度方向垂直平面内的向上方向

飞船下降较慢，在高空飞行的时间较长。由于高空大气密度低，阻力相对小，减速也慢，因此飞船飞的航程就长。由于减速度小，过载也就小。

当转动飞船 $\gamma\neq0$ 时，飞船升力方向也随着改变，升力分解为两个分量：纵向分量和侧向分量。利用升力的侧向分量控制飞船侧向航程，改变 γ 角的符号，也改变了升力 L 的方向，从而控制了飞船的侧向航程误差。此时由于纵向分量减小，因此向上的升力分量相对减小，飞船下降就快一些，这样可以控制纵向航程。飞船的滚动角 $\gamma=90°$ 时，飞船升力的纵向分量 $L\cos\gamma=0$，而侧向分量 $L\sin\gamma=L$，全部升力用来控制侧向航程误差。

因此通过返回舱上的发动机提供的控制力，可以改变滚动角的大小，从而控制飞船的纵向航程、横向距离和过载，这就是用升力控制飞船着陆点和过载的基本原理。

12．飞船如何与其他航天器交会对接

在第二章中已介绍了什么是空间交会对接技术和它在建造及补给空间站中的作用。本节介绍具体的交会对接过程。

（1）交会对接的发射窗口

在实施交会对接飞行任务时，追踪飞船的发射时刻受到严格限制。追踪飞船轨道平面应该和目标航天器的轨道平面重合，追踪飞船太阳电池供电系统、光学敏感器受到太阳方位角的限制，交会对接任务对地面测控站提出要求，温度控制分系统对飞船的日照因子提出要求等。在这些条件同时满足的时间区间，飞船可以发射，这个时间区间叫做交会对接的发射窗口。

（2）交会对接过程

从追踪飞船发射到追踪飞船和目标航天器会合，并在机械结构上连接成一个组合体为止，这一操作过程叫做交会对接过程。交会对接过程可以划分为以下几个阶段：发射段、远程导引段、近程导引段、接近对接段。

发射段的任务是由运载火箭将追踪飞船送入预定轨道，轨道平面基本和目标航天器的轨道平面重合。

远程导引段的任务是把追踪飞船从入轨的初始轨道引导到距离目标航天器30～100千米左右的位置区域，此时追踪飞船的轨道高度应该比目标航天器低，追踪飞船的交会雷达可以捕获目标航天器。

近程导引段的任务是用飞船的船载交会控制分系统把飞船导引到距离目标航天器500米左右的待命区，为进入接近对接段做好准备。

接近对接段的任务是精确控制飞船，使飞船和目标航天器靠拢，完成对飞船和目标航天器相对距离、相对姿态的控制，通过对接走廊以要求的速度与目标航天器对接。

13．航天员手动控制飞船运动

（1）航天员如何控制飞船

飞船在太空飞行时，如果GNC系统的自动控制子系统发生故障，航天员能够把飞船控制回来吗？

回答是肯定的，航天员能够通过飞船的手动控制子系统把飞船控制回来，这和飞行员驾驶飞机一样。阿波罗13号飞船在自动控制子系统发生故障时，就是由航天员操纵飞船，把飞船控制回来的。载人飞船无一例外，都有航天员手动控制子系统。在自动控制子系统失效的情况下，航天员通过手动控制子系统能完成以下4种任务。

1）轨道运行段的姿态控制：

消除飞船入轨初始姿态偏差，建立正常的轨道运行姿态；

飞船姿态失控时，完成全姿态捕获，重建飞船正常运行姿态；

保持并稳定飞船正常姿态。

2）太阳帆板控制：

控制太阳帆板，使其捕获、跟踪太阳。

3）离轨控制：

进行两次姿态调整，建立离轨制动姿态；

控制制动发动机准确制动，并稳定飞船姿态。

4）返回控制：

稳定滑行段的飞船姿态；

返回舱与飞船分离后，消除分离扰动，稳定返回舱姿态；

调整返回舱于配平状态；

控制返回舱弹道式返回。

(2) 航天员手动控制子系统的组成

神舟号飞船航天员手动控制子系统的组成见图10－7。

航天员手动控制子系统的特有部件有：手动控制计算机、光学瞄准镜、显示仪表和控制手柄、指令控制单元。控制手柄有控制飞船姿态的姿态控制手柄和控制飞船质心平移运动的平移控制手柄。惯性测量敏感器为航天员提供姿态角和姿态角速度信息，用以改进航天员的控制质量。光学瞄准镜是一个光学观察仪器，航天员通过它可以观察到地球边沿。红外地球敏感器与自动控制子系统是共用的，用它构成一个航天员可以干预的半自动控制子系统，航天员只需操作不多的控制指令按钮，就可以把飞船控制回来。

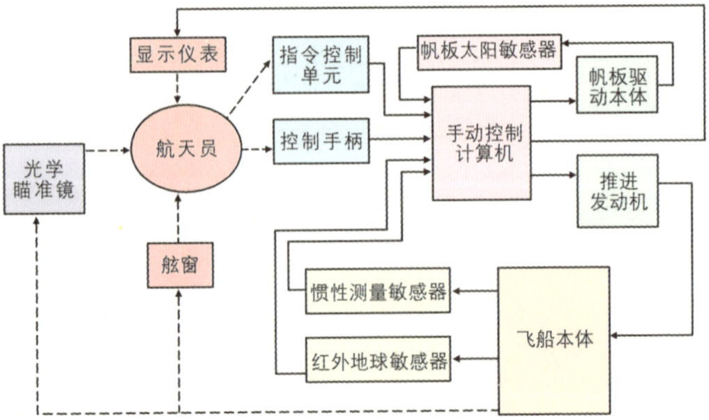

图10－7 神舟号飞船手动控制子系统组成框图

第十一章

飞船的数据管理

监视飞船的状态，协调飞船的工作，实现飞船信息的统一处理和共享，这些工作都离不开飞船的数据管理。

飞船的数管分系统除了完成传统的程控、船上自动控制、校时等任务外，还为其他分系统和有效载荷提供综合的服务与管理。

1. 数据管理分系统的功能

数据管理分系统（简称数管分系统）是飞船的一个重要分系统，影响着飞行任务的成败，关系着航天员的生命安全。监视飞船的状态，协调飞船的工作，实现飞船信息的统一处理和共享，这些工作都离不开飞船的数据管理。飞船的数管分系统除了完成传统的程控、船上自动控制、校时等任务外，还为其他分系统和有效载荷提供全面、综合的服务与管理。

由地面向飞船发送的遥控指令和数据叫做上行遥控指令和数据；由飞船向地面发送的遥测数据称为下行遥测数据。

数管分系统的主要功能如下：

1）接收、解调和处理来自测控与通信分系统的上行遥控指令和数据，完成遥控指令验证后，将指令和数据分发到飞船的相关分系统。

2）采集飞船工程遥测数据和有效载荷遥测数据，进行处理、存储，并汇集所有需经遥测下行信道传送的信息，实施组帧、格式化或包装处理，完成信道编码后送达遥测下行信道。

3）支持载人航天多舱段结构和舱段分离的飞行特点，提供飞船自主数据处理能力，发送延时指令或程控指令，产生自主控制命令，实现飞船的自主控制和管理。完成飞船正常飞行全过程程序控制任务，完成飞船在故障状态下的飞行程序控制任务，完成飞船系统的故障诊断和故障处理。

4）产生飞船时间基准信号和时钟信号，实施飞船时钟管理，并向各分系统分发时间信息和定时信号，为分系统提供事件计时。

5）实现数管分系统的内务管理，即对数管分系统自身实施监控，进行冗余和容错管理。

6）为其他分系统提供专用的数据处理和数据格式，支持各分系统间的信息交换和信息共享。

7）支持仪表显示，支持发射段飞船救生和运行段飞船自主应急返回，支持飞船返回着陆控制，协助航天员实施在轨操作和维修，以及在黑匣子中存储飞船重要数据等。

8）在各类大型试验中支持完成飞船的测控任务。

9）完成全船高速数据流的下行组帧控制任务。

2. 数据管理分系统的组成与特点

数管分系统采用以三机容错计算机为核心、以1553B总线为通信介质的分级分布式计算机体系结构，将飞船各分系统计算机互连在一起，构成船上计算机网络。

在飞船自主飞行的3～7天中，数管分系统的各项任务由返回舱数管计算机控制。在轨道舱留轨半年的飞行任务中，轨道舱的数据管理任务由轨道舱计算机控制。虽然返回舱数管计算机任务期较短，但要求工作的连续性好、可靠性高、抗故障能力强（容错度高），必须具备一次故障能保障飞船工作、两次故障能保障航天员安全返回的能力。为此，选择了三机热冗余容错计算机作为返回舱计算机（即中央单元1）。轨道舱数管分系统的工作任务期较长，选择了双机冷冗余容错计算机作为轨道舱计算机（即中央单元2）。神舟号飞船数管分系统组成框图如图11–1所示。

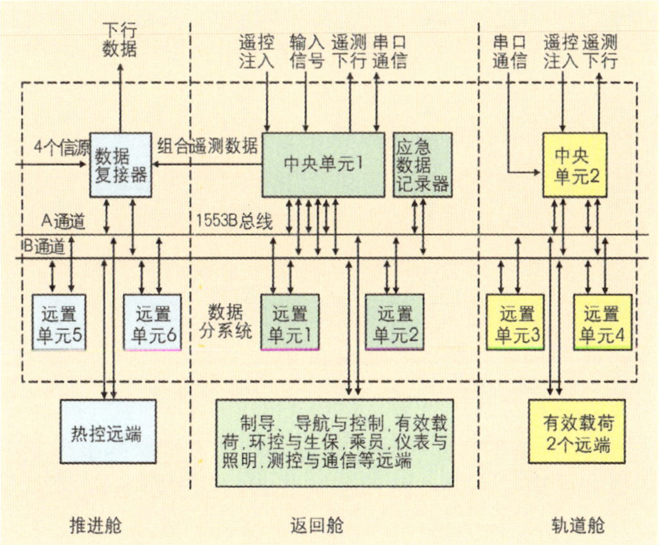

图11–1 神舟号飞船数管分系统组成框图

为了就近完成3个舱段的数据采集和指令发送任务，以减少整船电缆体积和重量。在每个舱段配置了2个远置单元，这6个远置单元接收中央单元通过1553B总线发来的程控指令并以直接指令或数据的形式传给用户，或采集模拟量和数字量遥测参数后送中央单元组帧下发。

为了完成全船高速数据流的下行组帧控制任务，配置了数据复接器。由它把多路高速输入数据流组帧成一路高速输出数据流送达下行信道。根据总体安排，数据复接器置于推进舱。

为了记录全船关键飞行参数和应急参数，特别是测控区外的飞船数据，用于飞船着陆后或故障状态下的状态判别，配置了应急数据记录器（简称“黑匣子”），并置于返回舱。

1553B总线为全船的数据高速公路。该总线贯穿于全船三舱，沟通三舱内各分系统设备的联系，完成数管分系统内各个设备间的数据通信，以及向其他分系统的远端提供数据通信服务。中央单元1和中央单元2经过1553B总线，可以实现对分系统设备和挂接在总线上的其他分系统进行控制。图11－1中的“远端”功能是采集来自用户的遥测信号，并将开－关指令和串行加载指令分配至用户。

由于1553B总线系统要在匹配的情况下工作才可靠，因此要在总线上安装特定阻值的匹配电阻。但飞船在两次舱段分离前后，1553B总线终端数量发生较大变化，如何保证返回舱中央单元和轨道舱中央单元在分离前后均在总线上配有特定阻值的匹配电阻，成为有别于卫星数管的难题。为了解决这一问题，在各舱段分离面两侧配置了总线开关，通过对舱段分离前后总线开关的时序控制保证了无论在分离前后，各舱段数管分系统都能在总线匹配的情况下工作。这样，就基本上构成了一个完整的数管分系统。

飞船数管分系统有如下特点：

1）系统为模块化结构，使得同样的基础模块可用于多种航天器，做到了分系统结构、运行程序和测试的标准化。

2）利用标准的接口、标准的远端和标准的程序，实现航天器的指令、数据分配功能和数据采集功能。既可做到一次开发多次使用，又利于采用更为成熟的甚至是经过飞行试验验证过的部件和软件。

3）数管分系统的软件多采用实时多任务操作系统支持多进程运行的并行软件结构，遵循滚动开放式的设计准则，且具有模块化和易于扩展的特点，可重复使用，也易于实现软件的在轨维护。

4）对飞船的管理和控制处理要求与对有效载荷的数据处理要求相互分离，前者作为中央单元处理的标准功能来实现，后者由中央单元可选的用户专用模块或智能化外设来实现。

5）串行数据总线（有时为多层数据总线、计算机网络）为分系统间大容量数据的交换提供了通道，不但便于分系统间大量数据的高速交换，还为计算机间的交互支持以及由地球站为整个航天器提供支持创造了条件。

6）经串行数据总线（或网络）实现总线各终端（中央单元，远端等）间的数据传输，减少了飞船内部的布线，使得飞船数管分系统可由分离的模块集成，并分别对分离模块进行研制和测试。

7）数管分系统可由一个综合件的系统来支持部件、软件、分系统直到飞船系统一级的测试。

上述设计特点，使飞船和数管分系统的设计人员有可能运用航天电子综合化这一新兴技术，为飞船任务提供经济有效的服务。

3. 数据管理分系统的中央单元

在神舟 2 号至神舟 6 号飞船上，数据管理分系统有两个中央单元，返回舱中央单元 1（CTU1）和轨道舱中央单元 2(CTU2)，分别用于完成飞船自主飞行期间和轨道舱留轨后的控制任务。这里 CTU 是英文 Center Treatment Unit 的缩写。

> 知识链接
>
> **什么是串口通信**
>
> 图11-1中的串口通信是指数据在通信线上按位传递的通信，而并口通信是指数据在多条通信线路上同时传送多于一位(一般是8位）数据的通信。
>
> 采用串口通信方式的总线称作串行数据总线。

(1) 中央单元1

中央单元1是数管分系统及整船自动化控制和测量系统的核心，该计算机不仅可实现飞船的遥控、遥测、程控等任务，还可完成飞船重要分系统的故障检测和冗余重组，飞船发射段救生和运行段自主应急返回，船上各分系统的数据交换和共享，以及飞船的计算机网络化综合信息管理任务。作为飞船上工作时间最长的设备之一，从发出飞船临射前第一条程控指令起，到飞船返回舱着陆后最后一条断电指令，不仅对飞船飞行全过程实施控制，而且对飞船飞行任务的完成起着至关重要的作用。

根据数管分系统返回舱容错计算机的任务需求，数管容错计算机技术性能应能适应载人航天要求，应当具备一次故障能保障飞船工作、两次故障能保障航天员安全返回的能力，在轨7天运行的可靠性高于0.9997、工作连续性好，要求在整个飞行期间数据处理和飞行控制工作不间断，以保障航天员的安全。

三机甚至是四机热备份的系统近年来常在对可靠性要求很高的设计中采用，美国航天飞机、国际空间站等均采用了四机系统，有的卫星采用三机系统。这种系统多台机器同时工作，可完成仿作、表决等容错操作，具有很强的容错能力，可以设计为一次故障工作、二次故障安全（FO/FS）的系统，即单故障情况下仍不影响飞行任务的执行，双故障情况下仍能确保航天器的安全；也可以设计为一次、二次故障工作，三次故障安全（FO/FO/FS）的系统，达到很高的可靠性和安全性。多机热备份还可以将系统的功能分割到不同机器中运行，以增强系统的处理能力。

神舟号飞船数管分系统的中央单元1采用了三机热冗余容错结构，图11－2给出了中央单元1组成框图。

系统重构可能带来系统的降级使用，中央单元1可以降级为双机甚至是单机运行，功能和性能都可能会降级，降级是缓慢进行的。在适当的条件下，即故障排除后，还可以再升级恢

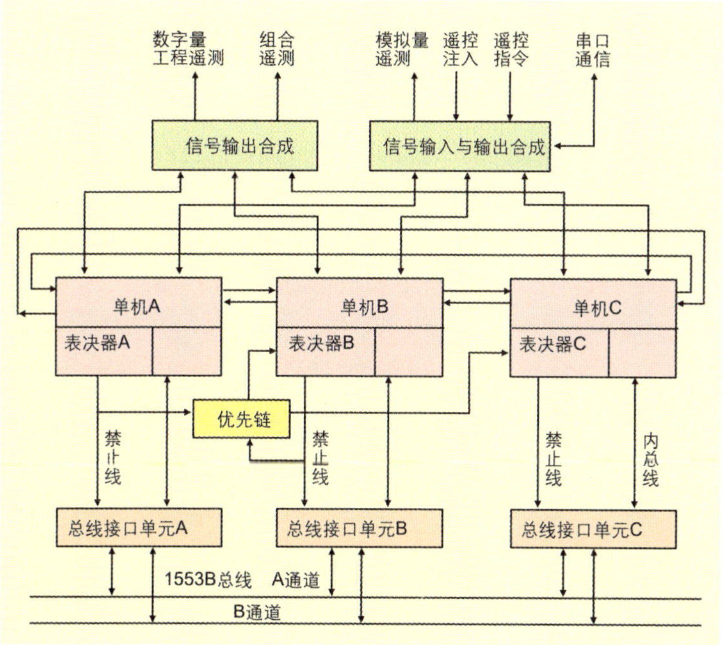

图11-2 中央单元1组成框图

复原设计的工作状态。计算机降级重组后，将对故障单元进行不间断的监测，一旦发现功能正常，故障单机重构后进入系统，计算机性能重新升级。工作机在运行时将运行状态和关键数据及时通知备份机，一旦工作机出现永久性的不可恢复故障，工作机将交出控制权，由备份机接过控制权继续工作。为了控制权的转移和工作的连续性，需要保存部分重要数据，其余数据在系统复位后或主备机切换后可重新复位到初始状态，所造成的后果仅仅是遥测数据的瞬间丢失。备份机进行故障恢复时，首先向主机发出故障恢复申请，然后按照接收工作机传送来的恢复数据，并对数据进行校验，校验合格后撤销申请，加入三机表决通信。

(2) 中央单元2

中央单元2是轨道舱留轨后数管分系统的核心，完成遥控、遥测等任务。中央单元2是具有独立内总线的双机冷备份系统，功耗较小，由于是单机运行，只能靠软件的方法实施容错，容错能力受到限制。为保证双机切换后运行的连续性，从系统一级的设计采取措施，随时将中央单元重要的运行参数经1553B总线存储到连接在总线上的其他部件，当中央单元双机切换后将数据再采集回来。确保双机切换电路的可靠性是设计的关键之一，切换电路中绝不允许存在单点失效，也不能存在潜电路。此外，备份机的对外接口应无输出或处于高阻态，以不影响工作机的正常运行。中央单元2组成框图见图11－3。

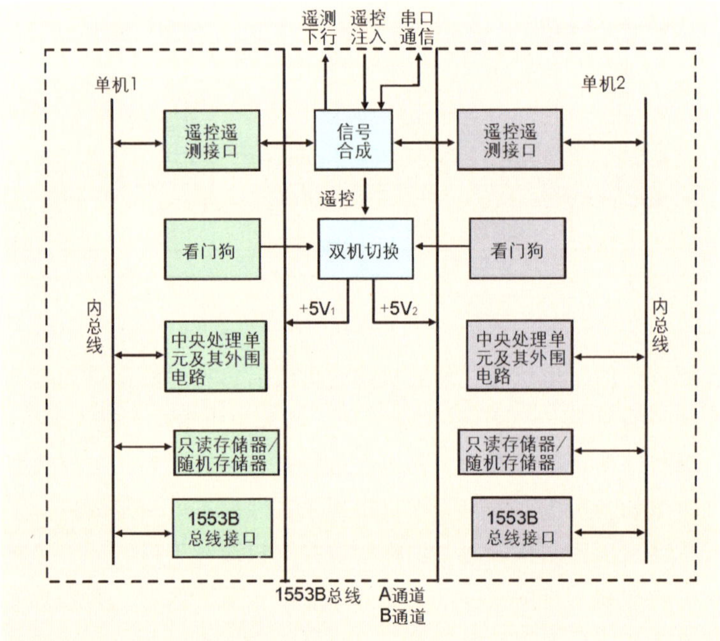

图11－3 中央单元2组成框图

4. 数据管理分系统的串行数据总线

航天器数管分系统大多采用串行数据总线结构，利用数据总线将系统各部件连接起来，实现相互间的信息交换。显然，数据总线或网络是数管分系统中非常关键的接口。国内外研制的数管系统目前主要采用的数据总线有：MIL－STD－1553B总线（美国）、OBDH总线（欧洲）、CAN总线（德国）、IEEE1394总线（美国）等。

飞船数管分系统采用了1553B串行数据总线作为中央单元与数管分系统各设备以及其他分系统通信的介质。中央单元1有3个总线终端，其中只有工作机工作于主态，在返回舱与轨道舱分离前管理除中央单元1和中央单元2以外的所有总线终端。返回舱和轨道舱分离后，中央单元1管理返回舱和推进舱的总线终端；中央单元2软件将其总线终端置为主机方式，管理轨道舱数管分系统。返回舱和推进舱分离后，中央单元1管理返回舱的总线终端。

常规总线通信采用总线大周期与小周期相结合的周期巡检方式。总线小周期又称为最快总线采集周期，决定了数据更新的最快速率，总线大周期又称为最慢总线采集周期，在一个总线大周期内，所有终端都将被访问。飞船飞行各阶段，始终有总线的周期性通信，各终端的数据传送周期在小周期和大周期之间，总线通信由主控机控制，保证了下行遥测和各分系统交换参数的连续传送。遇有突发事件，可在常规总线通信中插入应急总线消息，确保应急总线消息的及时传送。

中央单元的软件合理划分时间资源，充分利用总线接口芯片的智能化特点，将总线消息分时间片集中发送和处理，总线发送过程由总线接口芯片自动完成，主机运行与总线通信并行进行，系统运行效率提高；总线通信中采用查询与握手机制，采用缓冲池技术，解决不同信息源的同步问题，成功地实现了在串行异步数据总线上传输同步数据的功能，数管参数和工程遥测参数均利用总线采集和下行，减少了硬件电路；1553B通信管理程序利用双冗余总线进行定期巡检和重试，解决了1553B总线的容错管理问题，使任一终端的故障对系统运行均无影响。为防止瞬间干扰，对于重要消息，采用多次重发的策略，防止丢失和误发；对于重要数据，采用信息冗余，提高系统的可靠性。

5. 数据管理分系统的远置单元

远置单元由单片机及附件组成，直接完成各分系统的测控任务。数管分系统6台远置单元都通过内置1553B总线终端挂在1553B总线上与上位机进行通信。远置单元1、远置单元2位于返回舱，远置单元3、远置单元4位于轨道舱，远置单元5、远置单元6位于推进舱。在飞船自主飞行期间，6个远置单元全部由中央单元1指挥调度执行任务；留轨期间，轨道舱2个远置单元接受中央单元2的指挥调度执行任务。参见图11-1。

远置单元的功能如下：

1）完成用户遥测参数采集、参数处理和内部数据传送；

2）接收、处理、分配从中央单元来的命令和数据，确认数据后将状态信息返回给中央单元，验证指令接收的正确性，同时要求能够按照1553B总线通信协议实现通信功能；

3）对需要船载标准时间的用户，远置单元将中央单元传送来的时间修正后传送给用户；

4）能够完成二次电源DC/DC（由直流变至直流的）变换功能，对远置单元设备内部可靠供电；

5）能够完成远置单元内部参数的自测试功能。

远置单元由单片机及其外围电路、开关指令输出电路、串行数字量命令输出通道、串行数字量采集通道、模拟量采集电路、1553B总线接口等电路组成。1553B总线接口用于遥测数据和程控指令与中央单元的数据交换，指令输出电路采用串并混联方式，避免指令输出电路的单点失效，消除单点故障，提高设备的可靠性，对关键遥测参数采用不同远置单元的相应通道备份的方式；遥控指令采取冗余备份措施，任何一个远置单元通道失效不影响另一个远置单元工作；对重要遥测数据分别存储在三片数据区内，以三取二的方式取出；采用独立的硬件“看门狗”电路，防止程序“走死走飞”。

6．神舟号飞船的“黑匣子”

神舟号飞船安装了应急数据记录器，即人们通常所说的“黑匣子”。它作为飞船重要数据的主要记录设备，在飞船飞行全过程中进行数据记录，可以覆盖所有阶段特别是测控盲区的数据，作为正常测控数据的补充手段，在飞船事故条件下，对查找飞船出事前的状态特别有用。如飞船正常返回，飞行期间的记录数据也非常重要。

应急数据记录器具有以下功能：

1）通过1553B总线接口，接收数管分系统返回舱主计算机的命令与数据，根据命令进行相应的数据记录、数据读出、数据擦除等功能。

2）对存储记录的数据，即使飞船出现灾难性事故（坠毁），也能完好保护所记录数据，不会由于断电、高温、高压或剧烈的力学环境影响而丢失数据。

3）所记录数据与飞船飞行状态和安全状态密切相关，以便根据这些数据判断飞行状态及故障原因。记录数据内容、记录数据时段由数管分系统返回舱主计算机判断决定。

4）所记录数据能通过总线或直接存储器方式方便地读出。

5）每次执行有效的擦除命令后，应从存储空间的首地址开始连续记录数据，直至写满。数据不能遗漏或重叠覆盖。

应急数据记录器在飞船出现灾难性事故（坠毁）时，能完好保存飞船所记录的全部信息，为分析飞船故障提供可靠依据。因此，应急数据记录器应能经受以下严酷环境考验：

1）强冲击。应急数据记录器三个主轴方向均能经受加速度峰值为1万倍重力加速度的冲击。

2）抗穿透。应急数据记录器应能抵抗住穿透力，该穿透力相当于一根质量为230千克的标准钢钎从3米高处垂直自由下落，砸在外壳的最关键面，触点面积小于0.32平方厘米所产生的撞击力。

3）静态挤压。应急数据记录器能在三个主轴方向分别承受

2～3 吨作用力连续5 分钟的静态挤压。

4）高温烘烧。应急数据记录器能在1 200℃的高温火焰中，壳体外表面积至少有50%被火焰包围下，可以经受30 分钟烧烤。

5）海水浸泡。应急数据记录器可以在海水中浸泡72 小时。

在上述严酷环境下，应急数据记录器内的数据应保存正常。

应急数据记录器由1553B 总线接口电路、中心控制板、片选信号产生电路、电源变换板以及特种钢壳体保护的固态存储器组成。固态存储器分为A、B、C 三个区，它们具有相同的存储容量，每个区有1 片100 兆比特的存储芯片。保护存储器采用了三冗余设计，读出时采用三取二多数表决，能剔除错误数据。

7. 怎样保证数据管理分系统的可靠性

为了确保数据管理分系统的可靠性，在分系统级、单机级、模块级、元器件等均采取了可靠性、安全性设计措施，最后对可靠性、安全性设计进行了验证试验。

中央单元1 采用TMR（三机热冗余逐步降级系统）传递型容错方案。该机工作连续性好，适合工作周期（7 天）高可靠性的要求。总线系统采用美国第五代1553B 总线产品，系统集成度高，智能化程度高，并且为双冗余设计。通过指令重发，A、B 通道自动诊断和切换等措施实现1553B 总线系统的容错管理。远置单元指令输出电路采用串并混联方式，避免了指令输出电路的单点失效；数据指令输出采用加长码距的数据指令码，并对指令序列进行严格校验，确保输出数据指令的可识别性和正确性。应急数据记录器的保护存储器采用冗余存储器，读出时采用多数表决办法剔除错误数据，并置于防热、防震专门结构中，确保事故条件下记录数据的安全性；数传复接控制器采用双冗余方案，确保复接的可靠性。中央单元2 采用双机冷冗余方式，适合长期工作。

数据管理分系统全部元器件按降额准则进行降额设计，关键元器件采用高质量器件；采用元器件应力分析法进行可靠性预估，元器件的选取遵循质量管理“五统一”原则，即统一选用、统一采购、统一监制验收、统一筛选复验、统一失效分析。CMOS 电路采用了抗闩锁设计、防瞬变电压设计和输入保护电路设计，采取了限流措施。飞船在空间环境中会遇到辐射效应，对电路进行耐环境设计非常重要，包括抗闩锁、抗辐射、抗静电、抗单粒子翻转设计。全部元器件及全部原材料在任何工作情况下不会散发有害气体和有害物质；所用材料对航天员不构成危害；设备无尖锐或突出部分，不会伤害航天员。

数据管理软件采取下列可靠性、安全性设计措施：

1）超时校验。对通信口、数据传输口进行超时校验。

2）软件看门狗。如应用进程未按时访问某存储单元，则认为系统运行出故障。

3）权限校验。如中央处理单元对某些不该操作的存储单元进行了访问，则认为发生了故障。

4）一致性校验。给输出数据或关键内部数据或状态位增加冗余分量，使之满足某种约束关系（如校验和等），读出时再进行约束关系检查，如不符则不采用。

5）合法性检验。对其他分系统输入的数据进行合法性检验，如不合法则放弃。

6）软件陷阱。在空闲的程序区设置软件陷阱，以保证软件走飞到此处时能尽快返回到原状态。

7）错误恢复。利用分布式资源进行数据恢复、程序恢复，利用不可屏蔽中断进行异常处理，利用复位进行单机的程序重新启动运行。

8）指令采用加长指令码及加长码距，提高了防止漏指令、窜指令和误指令的能力。

9）对飞行阶段采用分段加锁的抗干扰措施，如在运行段，只接收轨返分离（即轨道舱与返回舱分离）指令，其余指令无效。增加了船箭分离备份指令，作为万一收不到船箭分离信号的故障对策，增加了轨返准备指令，作为轨返分离信号的安全锁。

在数据管理分系统研制期间，对数据管理分系统的硬件、软件和全系统进行了测试与验证，包括可靠性定性验证、可靠性定量验证、安全性定性验证、安全性定量验证等。

第十二章

飞船的测控与通信

在神舟7号飞船飞行过程中，人们可以欣喜地看到航天员出舱活动的实时电视图像，这要归功于飞船测控与通信分系统。测控与通信分系统提供船－地信息传输通道，为确定飞船轨道、实现飞船与地面的通信和信息交换提供支持。

1. 飞船测控与通信分系统的功能和特点

飞船测控是飞船跟踪（Tracking）、测轨、遥测（Telemetry）和遥控（Command）的总称，简称TTC。包括对飞船的跟踪观测和轨道测量，以了解和预报飞船轨道；获得飞船内部工程参数，了解飞船分系统或部件的工作状态；对飞船进行指令控制，使其按照任务需要运行。

飞船通信（Communication）是指飞船与地面之间的信息交流，包括获取飞船舱内外图像信息、航天员工作和生活图像，航天员与地面间通话，以及其他形式的信息交流。

神舟号飞船测控与通信分系统可以提供船－地信息传输通道，为确定飞船轨道、实现飞船与地面的通信和信息交换提供支持。该分系统主要包括以下功能：

1）提供测控手段，对飞船进行跟踪测轨、遥控指令和数据注入的接收和分发、遥测信息的采集和下行（从飞船向地球站）传输；

2）进行双向话音和下行电视图像的采集、处理和传输，实现地面与航天员之间话音和图像的信息交流；

3）提供高速数据传输通道，将飞船数据高速传输至地面；

4）在飞船返回舱返回及着陆阶段发射信标信号，为地面搜索人员提供定位信息；

5）提供飞船无线电信号收发用的天线及高频网络；

6）为飞船平台提供高稳定的频率基准信号；

7）对飞船舱内微重力环境以及力学参数进行测量和记录。

飞船测控与通信分系统是根据神舟号飞船的任务需求，特别是载人飞行的特点进行设计的，与其他航天器测控与通信分系统相比具有如下特点。

1）任务多、功能复杂，除了完成跟踪测轨、遥测和遥控等与卫星相似的测控任务外，还配置了图像处理、话音通信、高速数据传输、着陆标位以及力学参数测量等适应载人飞行的新任务。

2）采用的新技术多、技术难度大，除了部分继承卫星技术外，采用了统一S波段测控系统（即跟踪、测轨、遥测、遥控都采用S波段系统），并与我国建立的S波段航天测控网络相衔接；采用了图像和话音实时数字化处理技术，采取了高倍率、高质量的数据压缩方案，节省了信道资源；采用了扩频通信技术，提高了系统抗干扰能力；采用了抗攻击能力更强的遥控和话音加密技术。

3）使用的波段多，主要包括甚高频（VHF）、超高频（UHF）、L、S、C、Ka以及视频信号等多种波段，电磁兼容性问题非常复杂。为防止各通信信号间相互干扰，在工程设计中必须综合考虑天线布置、频率配置以及设备内部频率流程的设计。

2. S波段统一载波测控与通信系统原理

航天测控体制是指测控站与航天器上行／下行信道传输测距、遥测、遥控、话音图像、通信等基带信号所采用的载波、副载波和调制／解调等体制。

基带信号的频率一般都比较低，不适合直接远距离传送，要想实现基带信号天地间远距离传输，必须将基带信号装载到无线电高频载波上进行传输。如果基带信号采用独立载波，这种系统称之为独立载波系统；如果为了综合利用一个载波传送多路基带信号，在向载波装载信号之前，先将不同的基带信号装到不同的副载波身上，然后再将几个副载波装到同一个载波身上，即采用统一载波，则称这种系统为统一载波系统。

基带信号就像一封封写有标志或地址的信件，将基带信号调制到副载波，就像是将某种类型的信件装到某个车厢内，不同类型的信件装到不同的车厢内。例如，测距信号装到一号车厢，遥测信号装到二号车厢，话音信号装到三号车厢。将副载波调制到载波，就像是将一节节车厢挂到火车头上，这就是统一载波的概念。如果一个火车头只拉遥测一节车厢，这就是独立载波的概念。

独立载波测控体制中，遥测、遥控、多普勒测速定位(多站定位)、雷达测距测角定位(单站定位)、遥感数据传输等各占一个频段，各用一套设备独立完成。这种体制的缺点是设备重复、效率低、浪费大、电磁兼容设计麻烦、操作维护困难。

统一载波测控体制就是对载波及其副载波进行角调制来实现各个测控项目信号的传输和测量。其主要特点是副载波采用频分复用技术，多个副载波复用信号再调制到一个统一的载波，共用一套收发设备和跟踪系统，减少了飞船和航天器上电子设备的体积、重量和功耗，节省了频率资源。

俄罗斯测控站一般使用独立载波系统。进入20世纪60年代中期后，美国测控网开始应用统一载波系统，阿波罗工程使用的便是统一S波段测控系统。

中国早期使用的是独立载波系统。20世纪70年代末，中国开始使用C波段统一测控系统，用于地球同步轨道卫星测控任务。20世纪90年代末，中国开始采用S波段统一测控系统，用于飞船和卫星的测控任务。由于许多国家采用S波段统一测控系统，所以中国采用这一系统后，便于与外国测控站联网，可以租用外国测控站对中国的飞船或卫星进行测控。

3．如何实现对飞船状态和航天员健康状况的实时监测

飞船的遥测是将飞船上各系统及设备的工作状况（如设备、环境、姿态等参数以及航天员的脉搏、呼吸、血压等生理参数）进行采集编码，然后通过无线方式下行传输到地面。飞船可以在经过测控站上空时实时采集并向地面传送这些参数，这种遥测叫实时遥测；飞船也可以在测控站的测控区外进行采

集、存储，经过测控站时再传输下来，这种遥测叫延时遥测。遥测数据供地面人员了解飞船的工作情况和航天员的健康状况，便于对飞船实施正确的控制，对航天员的健康与工作予以指导。

飞船测控与通信分系统遥测子系统完成飞船工程遥测采集和处理。神舟 7 号飞船遥测子系统包括返回舱遥测中控单元和 3 台遥测采编单元（分别位于飞船返回舱、轨道舱和推进舱），以及用于传输火箭参数的简易采编单元（设备安装在整流罩内）。

遥测采编单元和简易采编单元分别采集各自舱段的模拟量和数字量遥测数据，然后将采编的数据送中控采编单元，中控采编单元把数据组帧、进行副载波调制后，送返回舱统一 S 波段应答机，经载波调制后下传至地面；同时遥测中控采编单元通过 1553B 总线将全帧数据送数管分系统的中央单元，由数管分系统处理形成延时遥测数据和实时遥测数据，汇入数传 Q 支路下传。

返回舱遥测中控采编单元能独立采集模拟量遥测参数和 4 个数字口遥测数据，并控制连接 3 个远置遥测采编单元。

4. 如何向飞船发送遥控指令

“遥控”是我们生活中天天碰到的。当你坐在沙发上手执遥控器，通过按键就可以打开电视机并调到你所想看的那个电视频道。同样，飞行控制中心也可以通过地面站向在空间运行的飞船发送遥控指令，控制飞船的工作状态或运动状态。

神舟 7 号飞船采用脉码调制（PCM）遥控体制，遥控子系统包括返回舱遥控解调器和推进舱指令译码单元，完成遥控指令解调、认证、译码和分配，注入数据的解调和分配。

返回舱遥控解调器接收两台统一 S 波段应答机的遥控副载波信号，完成副载波解调；完成注入数据校验、非密指令译码和加密指令解密；将返回舱和轨道舱用户的指令译码后送用户；完成注入数据校验后送用户；将推进舱的用户指令送推进舱遥控指令译码单元，完成译码后送推进舱用户。

5. 如何获取和传输飞船及航天员的图像

神舟 5 号和神舟 6 号飞船的成功飞行，人们欣喜地看到了飞船舱内和航天员的实时电视图像（图 12-1）。神舟 7 号飞船执行航天员出舱活动任务，可靠获取航天员出舱活动实时图像成为神舟 7 号飞行任务的一个重点。

图 12-1 北京航天飞行控制中心大屏幕显示的神舟 6 号飞船的实时图像

由于受地面测控通信网络的限制，神舟 7 号任务天－地数据传输带宽无法进行扩容，因此如何利用现有传输带宽获取更多、更清晰的图像，成为神舟 7 号测控与通信分系统的一个重要任务。

近年来，摄像和图像压缩技术有了较大发展，为提高飞船下行图像质量提供了技术基础。根据神舟 7 号飞船执行航天员出舱行走任务对下传图像的需求，图像子系统设计主要围绕以下目标进行：

1）全景拍摄 3 名航天员在返回舱座椅中的图像；

2）拍摄航天员在轨道舱进行出舱准备过程的图像；

3）摄取航天员出舱过程的图像；

4）具备双幅图像编码功能，能够同时下传一路或两路实时图像；

5）在神舟5号、神舟6号基础上提高下传图像的质量。

图12–2为神舟7号飞船图像子系统框图。图像子系统由双幅图像编码器、返回舱摄像机、轨道舱摄像机、轨道舱舱外摄像机、推进舱舱外摄像机以及图像切换器等设备组成。

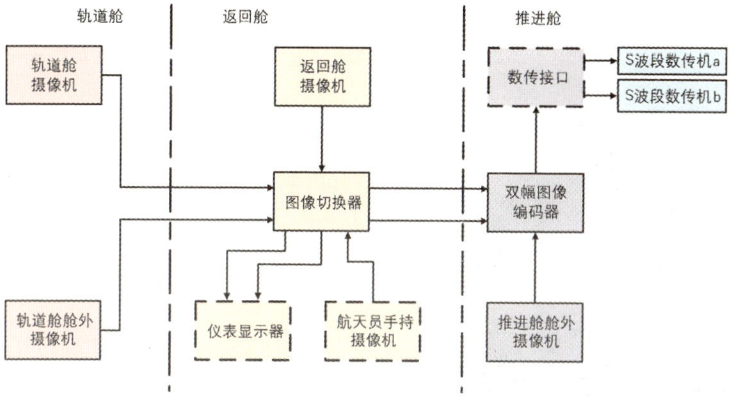

图12–2 神舟7号飞船的图像子系统框图

神舟6号及以前飞船的图像编码设备使用了H.261标准，解决了低码速率条件下图像传输的问题。近年来，图像编码技术的发展以及高速DSP芯片的推出，为神舟7号飞船提高下传图像质量提供了技术基础。飞船图像子系统能够同时下传一路或两路图像，由于单路图像编码占用了全部带宽，图像质量优于双路图像同时编码。

神舟7号飞船共配置4台摄像机，包括返回舱和轨道舱舱内各一台，轨道舱和推进舱舱外各一台，根据拍摄景物、光照条件、拍摄距离和使用环境等因素，摄像机部分参数略有不同。

摄像机获取的图像经过图像编码器压缩编码后送飞船数传子系统，在经过测控站时，数传设备将飞船的遥测数据、图像数据、话音数据等发送至地面站，地面站接收后再通过专线传

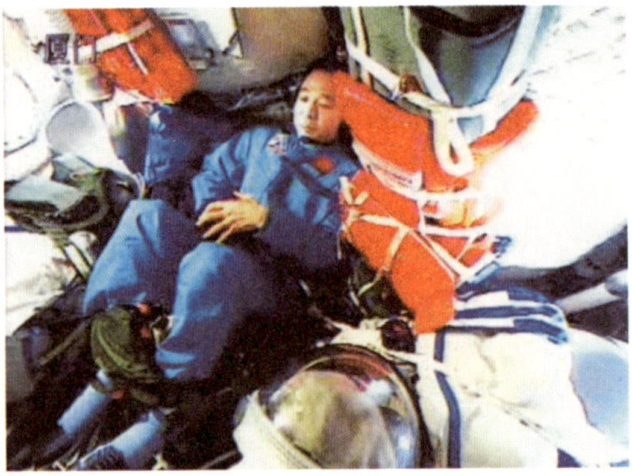

图 12-3　返回舱内图像

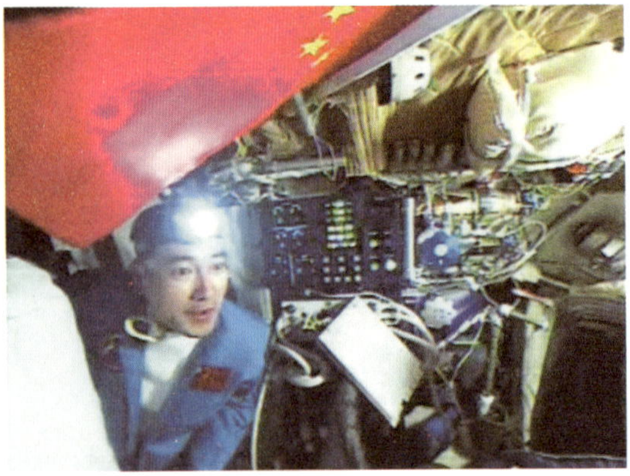

图 12-4　轨道舱内图像

送至北京航天飞行控制中心，使得该中心的技术人员及指挥人员能够及时了解飞船和航天员的各种信息。神舟 7 号飞船测控与通信分系统配置的 4 台摄像机在神舟 7 号飞行任务中拍摄的图像真实、清晰，如图 12-3～图 12-6 所示。

6. 如何实现航天员与地面人员间的通话

神舟 7 号飞船发射段及轨道运行段使用 S 频段设备和 VHF 通信机、返回着陆段采用 VHF 通信机和着陆搜寻信标机实现与地面的双向话音通信。

话音通信设备包括话音处理器和通信头戴（送话器 + 受话器）两部分。神舟 7 号飞船共配置 4 台通信头戴，其中有一个头戴为备份头戴。话音通信

图 12-5　轨道舱外图像

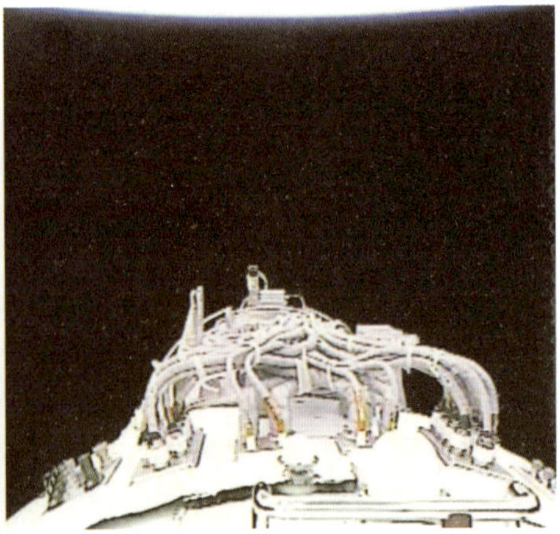

图 12-6　推进舱外图像

设备完成下行话音的编码、加密等处理及话音信息的分配；完成上行话音的解密、解码、数／模变换（即数字量与模拟量之间的变换）及模拟话音的分配。

下行话音处理：由送话器拾取航天员的话音送至话音处理设备；话音处理设备将下行话音进行放大、隔离后进行编码、加密，将指令长话音数据和混合话音数据合路后送数传复接器，同时将混合话音数据送VHF通信机；向着陆搜寻信标机发送模拟混合话音。

上行话音的处理：从统一S波段应答机来的信号中解调出数字话音信息；接收VHF通信机数字话音信息及着陆搜寻信标机模拟话音；将数字话音解码（统一S波段通道还需解密）；将模拟话音信息分配到航天员的受话器。

通过仪表开关手动选择“USB”、“VHF”或“优选”中的一路上行话音，其中优选策略为：当上行USB话音同步时选择USB话音，USB话音不同步而VHF上行话音同步时选择VHF话音。

通过开关切换“上断”或“上通”，指令长在任何方式下均能够听到地面人员的话音。设置为“上通”时，其他航天员能听到地面的话音，设置为“上断”时，其他航天员无法听到地面上行话音；指令长可以通过开关切换“内断”或“内通”，选择“内通”时，其余航天员能听到指令长下行话音，选择“内断”时，其他航天员听不到指令长下行话音。

7. 如何向地面报告返回舱着陆前后的准确位置

神舟7号飞船返回着陆标位及话音子系统包括，着陆搜寻信标机；返回舱新增卫星电话及天线，着陆后航天员可以在舱内拨打或接听电话，同时卫星电话还可方便地携带至舱外使用。飞船返回着陆段信标及通话设备工作时序见表12-1。

表 12-1　飞船返回着陆信标及话音工作时序

<table>
<tr><th>时间</th><th>VHF 通信机</th><th>着陆搜寻信标机</th><th>卫星电话</th></tr>
<tr><td>推返分离时刻</td><td rowspan="3">与地面进行全双工通话</td><td>关机状态</td><td rowspan="3">关机状态</td></tr>
<tr><td>返回舱飞行高度为40 千米时</td><td rowspan="2">发送信标</td></tr>
<tr><td>返回舱飞行高度为10 千米时</td></tr>
<tr><td>返回舱着陆后（航天员在返回舱内）</td><td rowspan="2">关机</td><td rowspan="2">发送信标或半双工通话</td><td rowspan="2">双向通话</td></tr>
<tr><td>返回舱着陆后（航天员出返回舱）</td></tr>
</table>

着陆搜寻信标机能够发送单音信标或进行半双工话音通信。设备处于发射状态时，搜救飞机搭载的定位仪通过接收信标信号实现对返回舱定向。着陆搜寻信标机从距地面高度40 千米时开始工作。

图12-7 和图12-8 表示出神舟7 号飞船着陆后，返回舱表面测控与通信分系统的部分部件。

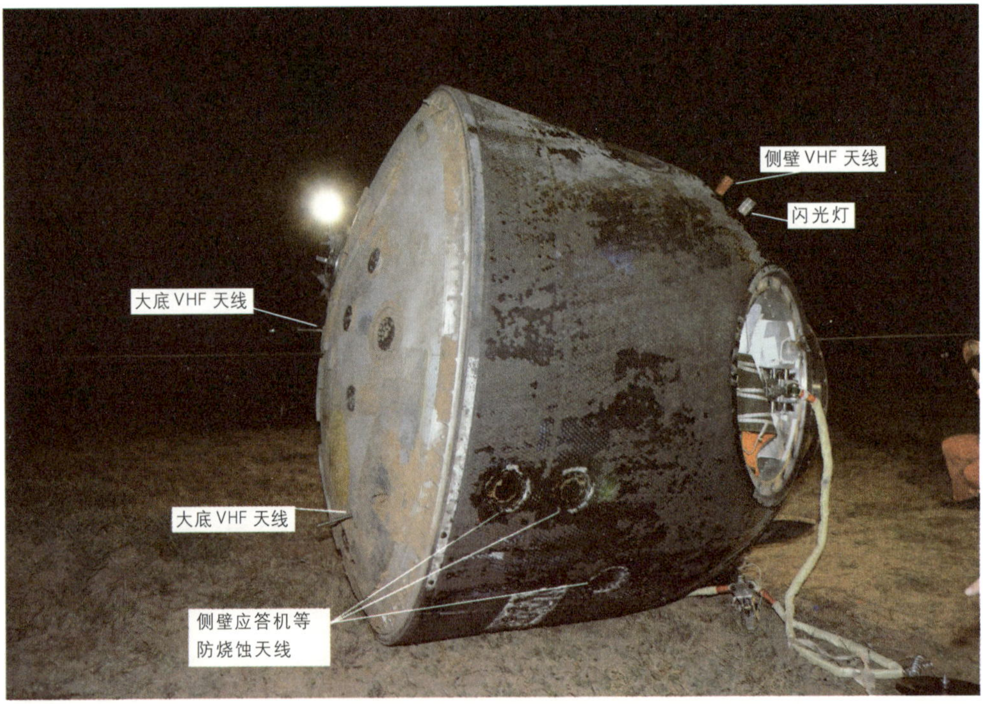

图12-7　神舟7 号飞船返回舱着陆后，返回舱表面测控与通信分系统的部分部件（一）

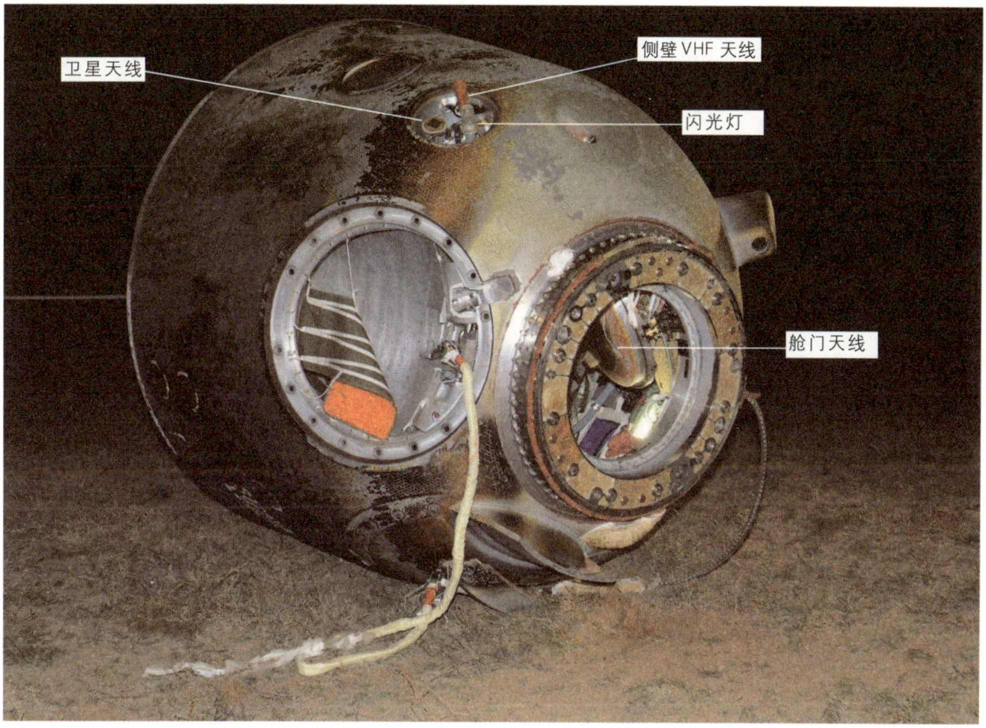

图12–8 神舟 7 号飞船返回舱着陆后，返回舱表面测控与通信分系统的部分部件（二）

8. 出舱活动航天员如何与飞船和地面进行通信

神舟 7 号飞船航天员出舱活动期间，出舱通信子系统承担了以下功能：

1）与出舱航天服建立双向通信链路，提供出舱航天员与舱内航天员之间、出舱航天员与地面之间的话音通信；

2）接收并处理航天员的生理遥测参数和出舱航天服的遥测参数；

3）按协议将有关数据进行复接（复接是指把多个数据流按照约定格式合并成一个数据流），通过总线送数管分系统，经复接后通过数传下传至地面；

4）挑选关键遥测参数经数管总线送仪表分系统。

出舱通信子系统由安装在舱外航天服内的航天服遥测通信

设备，安装在飞船轨道舱的通信处理器、通信复接器，以及两副出舱通信天线等设备组成，其中一副出舱通信天线安装在轨道舱内，另一副安装在轨道舱外，支持航天员在舱内外活动期间与飞船进行无线通信。

通信处理器与舱外航天服遥测通信设备建立双向无线链路，完成两个出舱活动通信机信号的收发（解调、译码、分接、再编码、调制）、两名航天员生理数据的复接；通信处理器与返回舱话音处理设备模拟话音接口连接，通过话音处理设备实现出舱航天员与轨道舱和返回舱航天员、出舱航天员与地面人员的双向通话。

航天员身着舱外航天服且处于有线连接状态时，两套舱外航天服通过脐带连接至出舱保障台脐带数据处理器，脐带数据处理器与话音处理设备连接，实现有线状态下出舱航天员与舱内航天员以及出舱航天员与地面人员的双向通话。

第十三章

飞船的回收着陆

飞船回收着陆分系统首要的任务，就是将返回地球大气层的返回舱，通过降落伞系统稳定运动姿态、降低下降速度，最后采用着陆缓冲等手段，保证航天员安全着陆。其次，在返回舱应急返回或在发射台上发生意外事故时，回收着陆系统也要保证航天员安全着陆。

1. 飞船回收着陆分系统的任务

飞船回收着陆分系统首要的任务，就是将返回地球大气层的返回舱，通过降落伞系统稳定运动姿态、降低下降速度，最后采用着陆缓冲等手段，保证航天员安全着陆。其次，在返回舱应急返回或在发射台上发生意外事故时，回收着陆系统也要保证航天员安全着陆。

此外，回收着陆分系统要求设有无线电、闪光标位器和海水染色剂等标位装置，使其着陆（或水上溅落）后能提供返回舱的位置信息，以便搜救人员迅速发现目标。倘若返回舱在海上溅落，则要求在返回舱上设置防止海水灌入主伞舱的排水装置，使返回舱保持竖立漂浮姿态，以便航天员出舱。

2. 飞船回收着陆分系统的工作特点和设计原则

飞船回收着陆分系统有以下工作特点：

1)适应于非常宽广的使用范围。回收着陆分系统不仅要适应返回舱在正常返回状态下工作条件的要求，还要适应轨道运行段应急返回和发射段各种逃逸救生状态的要求。回收着陆分系统使用范围的标志是弹射伞舱盖的条件，该条件是：相对地面高度1 300～12 000米，速度30～220米／秒，动压440～10 000帕。

2)程序和动作的不可逆性和自动性。回收着陆分系统的工作过程由一系列按特定程序依次进行的动作组成，程序动作一旦开始，就按预定的次序进行下去，直至返回舱着地。如果在中途出现故障，不可能将程序暂停，也不能将动作复演。在整个着陆程序中，如果某一个程序动作失效，就有可能导致着陆失败。因此，回收着陆分系统必须具有很高的可靠性。为了提高可靠性，当回收着陆分系统某些环节出现故障时，必须能够自动判断故障，主动切换到备份分系统的工作状态。

3）对回收着陆分系统的质量、体积、开伞动载、着陆速度及姿态等技术指标限制条件极其苛刻。

4）分系统复杂，新技术含量比较高。

因此，回收着陆分系统从方案设计开始，就必须遵循航天器的设计原则，按可靠性工程要求进行分析和设计，制定出合理的设计方案。具体的设计原则如下：

1）要分析研究分系统的每一个组成部分可能存在的故障模式，并确定各个故障模式对分系统其他组成部分和功能的影响，然后制定出相应的对策。

2）对于单点失效的关键技术环节（即该技术环节功能失效，将导致整个分系统功能失效），必须采用冗余设计。例如：程序控制和火工装置普遍采取并联设计；降落伞装置采用冗余设计，备份降落伞装置作为主降落伞装置的冷备份。

3）对产品使用的工作环境，必须进行透彻、全面的分析，设计中留有一定的安全裕度。

4）要尽量使用和继承成熟技术。

5）产品要在地面或空投模拟试验中得到充分验证。

6）对特殊的装配、测试和试验，要采取相应的装备或有效的监控措施。

7）对不可测的项目（如包装后的降落伞）要采取特殊的过程控制措施，例如照相、录像等，以供追踪检查。

3. 飞船回收着陆分系统的组成

神舟1号至7号飞船回收着陆分系统由伞舱结构、降落伞、着陆缓冲、程序控制、火工、排水扶正和标位等7类装置组成，见图13-1。

(1) 伞舱结构装置

伞舱结构装置主要包括主伞舱、备份伞舱、降落伞连接分离机构、返回舱垂挂吊索等结构组件。这些结构组件主要用于降落伞装置和排水气囊的安装固定，为降落伞出伞提供通道和

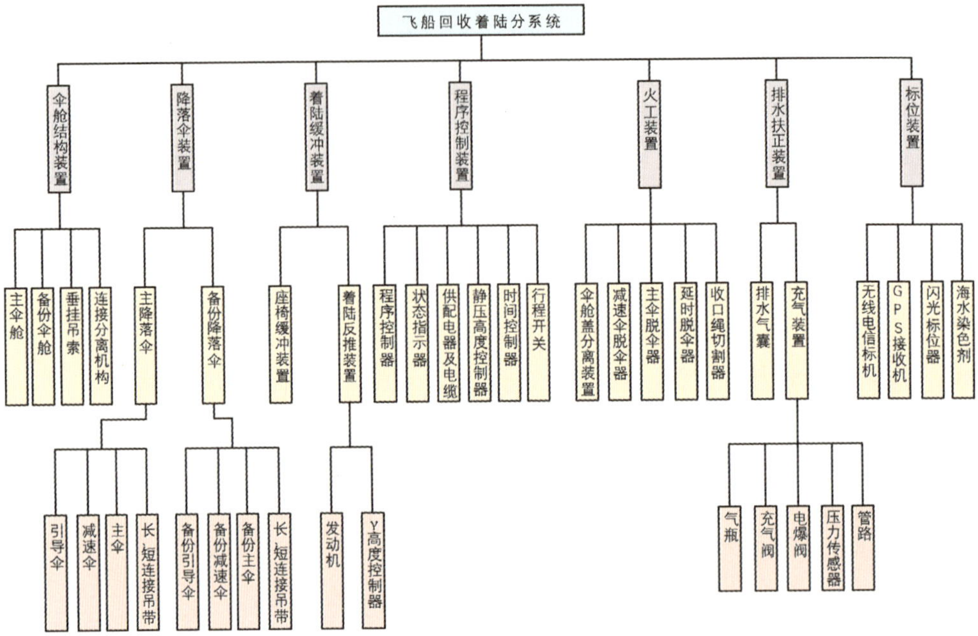

图13-1 回收着陆分系统组成框图

降落伞与返回舱的连接分离，以及返回舱由单点吊挂转换为垂直吊挂等。

（2）降落伞装置

降落伞装置由主降落伞装置和备份降落伞装置组成，两装置又分别由引导伞、减速伞、主伞和连接吊带等组成。

降落伞装置主要用于稳定返回舱的运动姿态，降低返回舱的运动速度，以达到预定的稳定下降速度。

（3）着陆缓冲装置

着陆缓冲装置包括着陆反推装置和座椅缓冲装置。着陆反推装置由伽马高度控制器和 4 台着陆反推发动机组成，用于对返回舱进一步减速，使着陆冲击载荷符合安全要求。

（4）程序控制装置

程序控制装置主要由程序控制器、状态指示器、回收供配电器及电缆、静压高度控制器、时间控制器和三组行程开关组成。它主要用于自动控制回收着陆过程的动作程序。

知识链接

单点吊挂转换为垂直吊挂

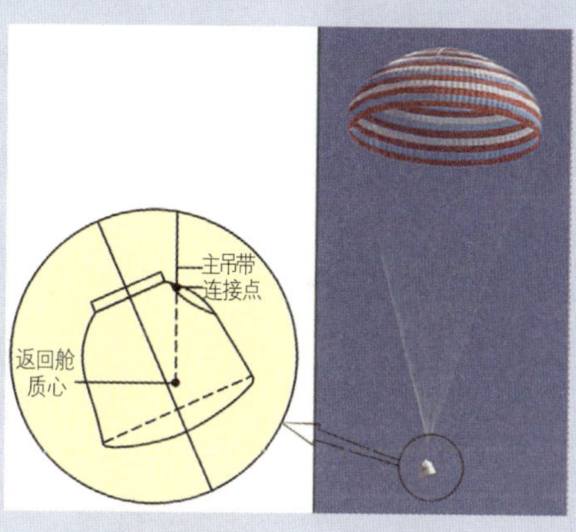

图 13–2　主伞单点吊挂

载人飞船伞舱安置在返回舱的侧面，为保证降落伞拉直程序的可靠性，主伞开伞的初始阶段，主伞与返回舱之间是采用单点连接，连接点设置在伞舱出口处。在单点连接情况下，返回舱以倾斜姿态吊挂在降落伞上，与降落伞一起下降，见图 13–2。如果以倾斜吊挂姿态着陆，缓冲装置就不能有效发挥缓冲作用。因此，必须使返回舱在着陆前转成垂直吊挂形式。

转换成垂直吊挂，就是返回舱由单点倾斜吊挂转换成使返回舱成纵轴垂直于地面的双点对称吊挂，使返回舱以垂直姿态下降，为着陆缓冲装置工作创造有利条件。

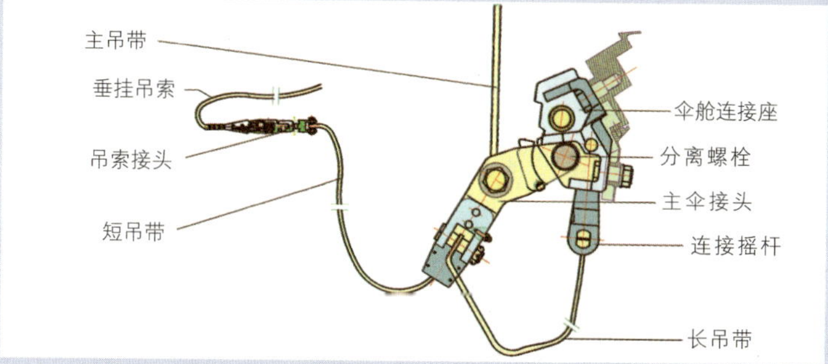

图 13–3　主伞接头连接关系示意图（单点吊挂状态）

转换吊挂方式的关键在于主伞接头设计。主伞接头必须设计得非常紧凑、灵巧、可靠，并且不得阻碍伞包拉出。主伞接头的上方与主吊带连接，下方与一根长吊带和一根短吊带连接，短吊带下方又与吊索（金属制品）相连接。主伞接头通过分离螺栓与伞舱连接，见图 13–3。此外，返回舱着陆后，主伞接头还具有切断主吊带，实现抛掉主伞的功能。

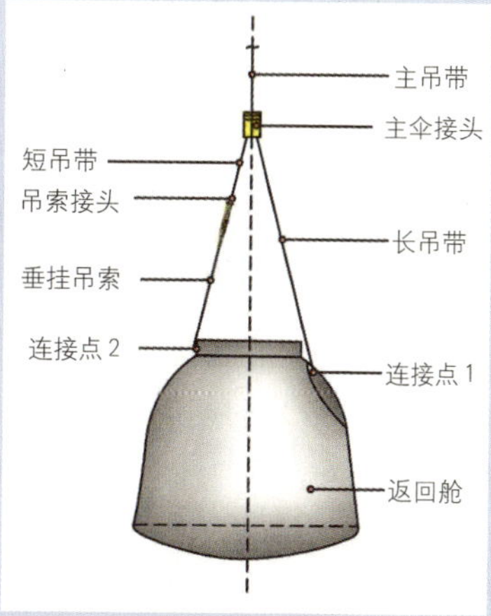

图 13–4　返回舱双点垂直吊挂

返回舱由单点吊挂转换成双点垂直吊挂的过程是这样的（图 13–4）：首先，在接到“转垂直吊挂”指令后，分离螺栓脱离，主伞接头从伞舱中拉出，牵动长、短吊带。短吊带拉直后，将埋设在返回舱出口处周边的垂挂吊索从保护层底下拉出。当长吊带拉直时，将底端的连接摇杆扳动约 90° 位置，以免吊带紧贴舱壁而磨损。于是返回舱就转换成双点垂直吊挂形式。

(5) 火工装置

火工装置包括伞舱盖分离装置、减速伞脱伞器、主伞脱伞器、延时脱伞器和收口绳切割器等5种。

伞舱盖分离装置用于弹射伞舱盖，并拉出引导伞。减速伞脱伞器用于脱掉减速伞和转换返回舱的吊挂方式。主伞脱伞器在返回舱着陆后，由航天员发指令脱掉主伞，以免在有大风的情况下，主伞拖动返回舱在地面滑跑。延时脱伞器是在主伞包未能从伞舱中拉出时，按预定时间脱掉减速伞，然后启动备份降落伞装置工作。收口绳切割器用于切断收口绳，解除降落伞收口状态。

(6) 排水扶正装置

排水扶正装置由排水气囊和充气装置组成。充气装置又由气瓶、充气阀、电爆阀、压力传感器和管路组成。排水扶正装置实际上是采用充气气囊充填主伞舱的空间，不让海水灌入，使返回舱在水中保持竖立漂浮状态。

(7) 标位装置

标位装置包括无线电信标机、闪光标位器和海水染色剂等，用于返回舱着陆后发出位置信息，标明返回舱着陆点所处方位。

4. 飞船回收着陆分系统的正常工作程序

返回舱下降到15千米左右高度时，速度已降低到亚声速，所受到的气动阻力接近于重力，从而进入稳定下降状态，即返回舱基本上不再减速，以平衡速度下降。此时，如果不进一步采取减速措施，返回舱将以每秒一百多米的速度冲向地面而坠毁。因此，返回舱需要设置一套以降落伞为核心的减速子系统，使其进一步减速。降落伞的减速能力是有一定限度的，其设计着陆速度不能规定得过低，否则降落伞面积必然很大，其重量和体积是飞船所无法接受的。因此，必须在临近着陆之前，再用反推发动机做进一步减速，以达到安全着陆速度的要求。回收着陆是从降落伞子系统开始工作到飞船实现软着陆的一个短小轨道段，也是飞船整个飞行任务的最终阶段。

飞船回收着陆分系统正常工作程序如下（图13－5）：

1）当返回舱下降到10千米高度时，10千米静压高度控制器使程序控制器置零（$t_1=0$ 秒），并开始按预定程序发出时序指令。当时制导、导航与控制分系统已将返回舱姿态调整好，为开伞创造有利条件。

2）$t_1=0.5$ 秒时，引爆伞舱盖分离装置，弹掉伞舱盖，拉出引导伞。

3）伞舱盖分离过程中，将引导伞从伞舱中拉出。引导伞张满后，拉出减速伞伞包。

4）减速伞拉直，呈收口状态张满。

5）减速伞以收口状态工作8秒后，切断收口绳，解除收口状态。

图13–5 神舟号飞船回收着陆分系统正常工作程序

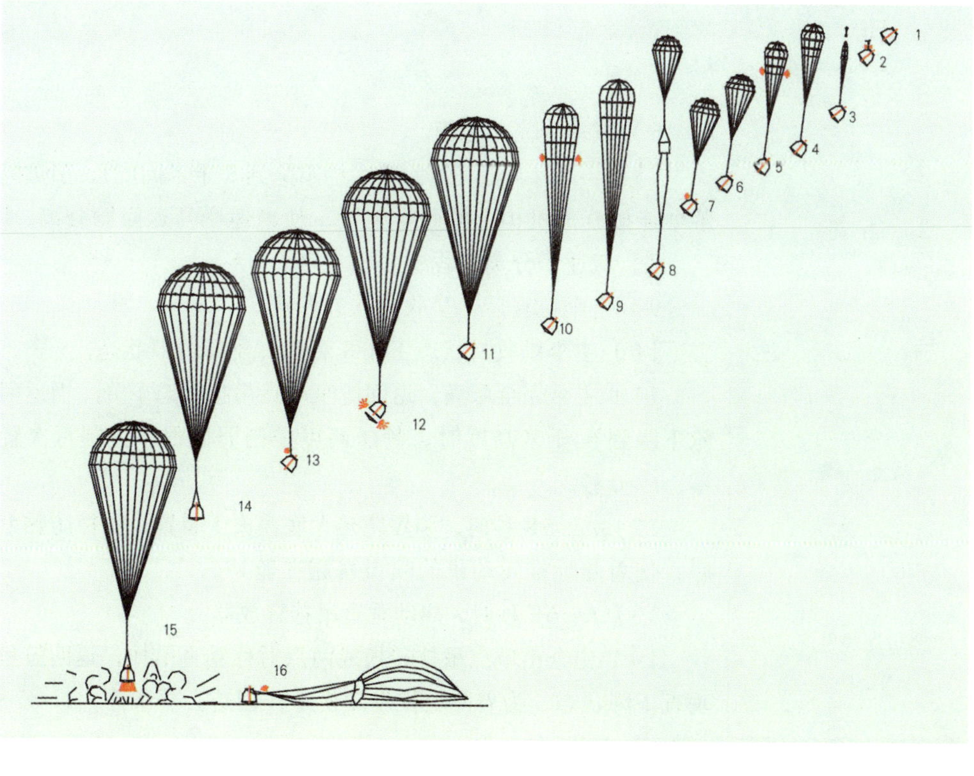

知识链接

伞衣收口装置

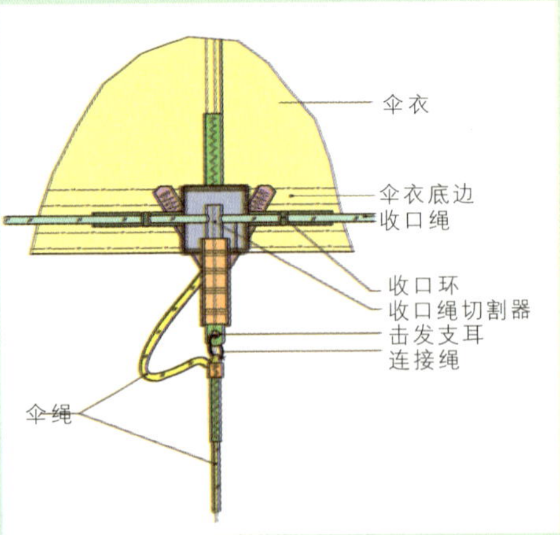

图13－6　伞衣收口装置示意图

伞衣收口装置用于暂时缩小伞衣迎风面积，以达到减小降落伞开伞载荷的目的。伞衣收口装置主要由收口环、收口绳和收口绳切割器组成，见图13－6。

收口环是由金属制成的如同戒指形的小圆环，固定在伞衣底边内侧的每根伞绳上方。收口绳依序穿过每一个收口环及收口绳切割器的穿孔，然后两端系牢，展开后形成一个封闭圆圈。收口绳切割器是一种具有延时切断绳索功能的火工装置。在伞绳拉直过程中，通过伞绳分支的连接绳，启动切割器击发支耳，击发火帽，引燃延时火药，经预定数秒钟的燃烧后，点燃推进剂，推动圆筒形切刀，将穿过其穿绳孔的收口绳切断。收口绳切断松绑后，伞衣就可以自由地展开了。为了保证可靠性，通常每顶伞上要安装2个或3个收口绳切割器，只要其中一个工作，就可以保证降落伞解除收口状态。

6）减速伞完全张满。

7）t_1=16.5秒（返回舱大约下降到8千米高度），引爆降落伞连接分离机构上的脱伞装置，使减速伞与返回舱分离。

8）减速伞分离过程中拉出主伞。

9）主伞拉直后，呈收口状态张满。

10）主伞以收口状态工作8秒后，解除收口状态。

11）主伞完全张满，返回舱呈单点吊挂状态下降。当返回舱下降到6千米高度时，静压高度控制器使程序控制再次置零，t_2=0秒。

12）t_2=58秒时，引爆防热大底盖火工装置，抛掉防热大底，使着陆反推发动机的喷口暴露在舱外。

13）t_2=68秒时，启动垂直吊挂释放器。

14）主伞由单点吊挂转换成两点对称垂直吊挂，返回舱呈垂直下降状态，为着陆反推发动机工作创造必要条件。t_2=78

秒时，引爆座椅上的火工装置，使座椅缓冲器提升，进入待工作状态。

15）t_2=95 秒时，启动伽马高度控制器，在临近地面约 1 米高度，伽马高度控制器发出指令，点燃着陆反推发动机，返回舱以 1 ～4 米 / 秒的速度着陆。

16）着陆后，航天员根据地面气象情况作出判断，若风大，可发出指令，将主伞抛掉。

开伞高度主要是根据完成上述工作程序所需的最小行程来确定的，同时兼顾备份降落伞装置所需的工作高度。因此在返回工作程序中，当返回舱下降到 6 ～7 千米时，自动检测装置会判断出主伞工作是否正常，一旦检测到异常现象，就立即切换到备份降落伞装置。

5. 飞船回收着陆分系统的非正常工作程序

飞船回收着陆分系统必须具有应对各种意外事故的功能。

如果在发射台上发生意外事故，则返回舱由逃逸飞行器带离事故现场。返回舱与逃逸飞行器分离后，飞行到顶点高度之前 2 秒，弹射伞舱盖，拉直引导伞。引导伞张满后，拉出减速伞。减速伞以收口状态工作 6 秒后就与返回舱分离，随即拉出主伞。主伞以收口状态工作 8 秒后，解除收口状态，并逐渐张满。主伞携带返回舱稳定下降。临近地面时，反推发动机工作，返回舱进一步减速。着陆后，由航天员发出指令，脱掉主伞。

如果在中、高空发生意外事故，飞行高度通常都在 10 千米以上，回收着陆分系统可按正常返回工作程序进行。

如果主降落伞装置出现问题，一经检测到故障发生，就立即按预定程序切换到备份降落伞装置。备份降落伞装置工作程序与主降落伞装置工作程序基本相同。

6．为什么主伞伞衣面积需要1 200平方米

神舟号飞船返回过程中，最引人注目的场景，是一顶色彩鲜艳的巨型降落伞携带着返回舱飘飘悠悠地从天而降（图13－7）。降落伞一打开，就意味着飞行任务获得了成功。1 200平方米的主伞，若在地面平铺开来，大约可覆盖3个篮球场。降落伞全部拉直，总长度超过足球场的长度。谁能想到，如此之大的降落伞，包装后的体积还不到0.18立方米呢!

为什么神舟号飞船的主伞要用1 200平方米？这主要取决于返回舱的回收质量和下降速度等因素。主伞伞衣面积 A 可按下式来确定

图13–7 1 200平方米主伞携带返回舱稳定下降

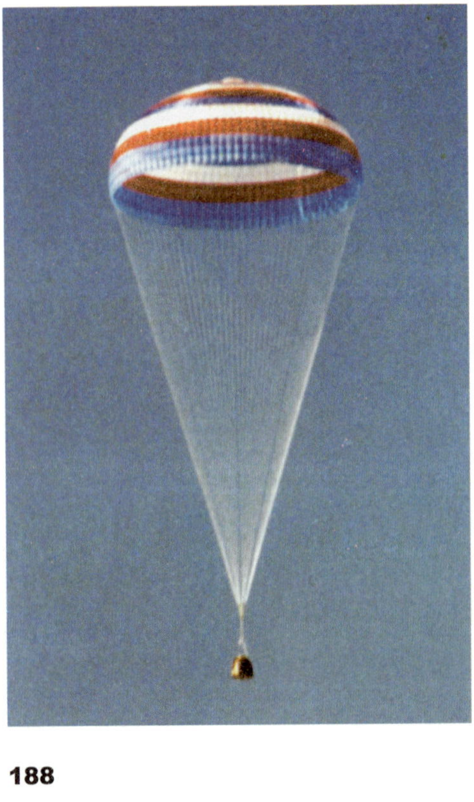

$$A=2m_0/(\rho_H v^2 C_{D0}) \qquad (13-1)$$

式中 m_0——返回舱质量；

ρ_H——着陆场地面大气密度；

v——返回舱临近地面时的下降速度；

C_{D0}——伞衣阻力系数。

由式(13－1)中可以看出，伞衣面积与回收质量成正比。神舟号飞船返回舱的质量是按3 000千克设计的，所以对伞衣面积需求很大。大气密度和伞衣阻力系数是可知的，而且变化范围很小。下降速度的平方与伞衣面积成反比关系，即下降速度愈小，需要伞衣面积愈大。为保证航天员安全着陆，载人飞船要求下降速度尽可能低，例如，我国返回式卫星要求着陆速度小于13.3米／秒；而神舟号飞船要求主伞临近着陆时下降速度小于8米／秒。为稳妥可靠，设计人员实际是按小于7.5

米／秒设计的。各相关参数确定后，伞衣面积就不难计算了。

此外，设计人员预计将来返回舱的质量可能有所增加，为适应将来发展的需要，特意将伞衣面积设计得稍大一些，以便在回收质量方面留有适度的发展空间。因此，最终将主伞伞衣面积设计为1 200平方米。图13-8为降落伞设计人员检查主伞伞衣质量。

图13-8 降落伞设计人员检查主伞伞衣质量

7. 为什么飞船要采用多级开伞措施

降落伞为什么可以使运动物体减速呢？这是因为降落伞的伞衣展开后，会产生一个与物体运动方向相反的气动阻力，由于这个阻力的作用使物体速度降低。返回舱与降落伞在气流中所产生的气动阻力 D 可由下式表示

$$D=0.5\ \rho v^2[(C_DA)_H+(C_{D0}A)_S] \qquad (13\text{-}2)$$

式中 ρ——大气密度；

v——返回舱下降速度；

$(C_D A)_H$——返回舱阻力面积；

$(C_{Do} A)_S$——降落伞阻力面积。

由式（13－2）可知，气动阻力与速度的平方和阻力面积成正比。主伞的阻力面积是为保证返回舱的安全着陆而设定的。神舟号飞船正常返回时，开伞高度约10千米，速度为210米／秒，在这种初始条件下，假如只用一顶主伞，那么，开伞时产生的开伞动载将会非常大，据估算，将超过100g！也就是说，作用在返回舱内航天员身上的载荷将超过100倍的重力。如此之大的开伞冲击载荷，足以令航天员毙命！降落伞装置所需的结构强度也极高，技术上难以实现。

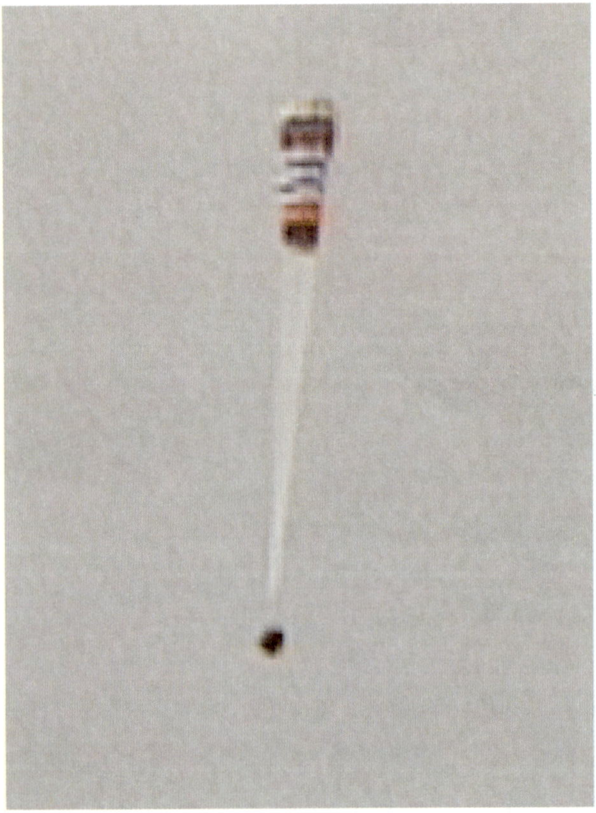

图13－9 伞衣呈半张满状态

人们在日常生活中都有过这样的体验：乘坐在快速行驶的汽车上，如果司机来个急刹车，则乘客个个都会往前冲，甚至造成受伤事故。这种现象是由于制动力所引发的惯性力太大造成的。正常停车时，司机总是控制好制动力，让车子经过一段较长距离的减速后才缓慢停下来，此时乘客会感到比较舒适。由此可以得到启示，为避免急刹车给人体造成伤害，必须控制好制动力。载人飞船用的降落伞，其开伞动载要受航天员承受能力的限制，不允许太大。那么如何实现呢？从技术上可以通过控制降落伞阻力面积和增加减速行程等措施来实现。具体地说有两种：一是先开一顶小伞，把速度降低后，再开大伞；二是降落伞打开后，在其内底边采取收口措施，让它呈半张满状态（相当于一顶小伞），见图13－9。经过一段减速后，再解除收口状态。神舟号飞船就是采用上述多级开伞措施，即用一顶伞衣面积为24 平方米的减速伞，先呈半张满状态，经8 秒时间的减速后，解除收口状态，然后完全张满。主伞也同样采取收口措施，分两次展开。这样，使得降落伞各级开伞过载均控制在5g以下，最终获得小于8 米／秒的下降速度。

8．降落伞装置是如何打开的

处于紧密包装状态的降落伞，安装在返回舱的伞舱中。由于出伞通道不太通畅，返回舱的尾流区影响范围又很大，因此，如何可靠地拉直并展开降落伞，成为降落伞装置设计最为关键的技术之一。

要将降落伞从伞舱中拉出，必须借助于外力。神舟号飞船降落伞装置采用逐级开伞的方式。引导伞是借助于伞舱盖分离的动能，通过连接带将其拉直，拉直程序由伞包控制。减速伞是借助于引导伞开伞后所产生的气动阻力将其拉出。主伞是靠减速伞分离过程中作用在减速伞上的气动阻力将其打开。

为了保证各级降落伞能可靠地拉直并展开，首先必须具有足够的拉力。例如，引导伞拉直长度达18.6 米，伞舱盖必须具有足够的动能才能将其拉直，并相互脱离。其次必须按预定顺序工作。

为减小开伞动载，避免出现钩挂现象，神舟号飞船各级降落伞均采用倒拉式开伞（即先拉出伞包，再拉出伞绳，伞绳拉直后再从伞包中拉出伞衣）。这种开伞方式的技术关键在于：拉动伞包时，封包要绝对可靠，否则伞绳和伞衣就将呈团状抖出伞包，拉直程序就变得无法控制，非常容易发生事故。为保证拉直顺序，伞绳在伞包内要分段固定，伞衣与伞绳应分隔开来，待伞绳完全拉直后，再解除伞衣的封口，随后拉出伞衣。开伞程序正常与否，关键在于伞包的设计技巧。

9. 为何要设置备份降落伞装置

神舟号飞船降落伞装置由主、备份降落伞装置组成。在主降落伞装置工作正常的情况下，备份降落伞装置是不用的，在主降落伞装置失效的情况下，才用备份降落伞装置。所以备份降落伞装置叫做主降落伞装置的冷备份。为何要设置备份降落伞装置呢？这是因为载人飞船涉及到航天员的生命安全，事关重大，所以对所有装置的可靠性都提出了极高的要求。一般说来，降落伞的工作是比较可靠的，但主降落伞装置还是存在诸多单点失效的技术环节，例如：

1）抛盖拉引导伞出现故障，导致减速伞工作失效；

2）减速伞未能脱离，打不开主伞；

3）主伞包被卡住，不能从伞舱中拖出；

4）主伞开伞后出现大面积破损，减速功能不能满足要求。

上述任何一个环节出现故障，都将导致灾难性后果，因此技术上必须采取补救措施，另设一套备份降落伞装置。

为判断是否出现上述故障，回收着陆分系统设置有自动检测装置。一旦检测到故障发生，就立即按预定程序切换到备份降落伞装置。

备份降落伞装置除主伞面积稍小（760 平方米）外，其他设计参数及开伞程序与主降落伞装置基本相同。由于备份主伞面积偏小，所以着陆前的下降速度为 9 米 / 秒左右，比主降落伞装置略高一些。但经过反推发动机进一步减速，以及座椅缓冲装置等的吸能措施，返回舱的着陆冲击过载小于 15g，仍可满足人体耐受能力的要求。

10. 飞船着陆时反推发动机是怎样工作的

返回舱触地瞬间要受到很大的冲击载荷，冲击载荷的大小与返回舱的着陆速度、触地部位的形状、地面和返回舱结构的力学性质等诸多因素有关，其中起决定性作用的是着陆速度。为保证安全着陆，载人飞船一般要求着陆速度低于4 米／秒。要达到如此低的着陆速度，单靠降落伞是难以实现的。由于反推发动机具有体积小、重量轻、工作行程较长的特点，因此，用它作为着陆缓冲装置，可以实现较小的制动过载，并且将返回舱的着陆速度减小到1 ～ 4 米／秒。

神舟号飞船返回舱的底部装有4 台小型反推发动机，其性能相同，工作同步。反推发动机产生一个向上的推力，经过一段做功的行程，抵消了大部分返回舱的动能，从而达到减速的目的。

由于制动过载受人体耐受能力的制约，所以反推发动机的推力必须控制在一定的范围内。反推发动机初始工作时，返回舱下降速度是由主伞性能决定的，返回舱末速度是根据技术指标的要求控制的。因此，制动的动能为已知。根据所需制动动能，可以设计发动机的总冲、制动行程和工作时间。理想的缓冲效果是当反推发动机熄火时，正好是返回舱的落地时刻。设计的技术关键在于点火时机必须选择得非常精确。神舟号飞船通过选择返回舱底面相对地面的高度（即垂直距离）来控制发动机的点火。由于伽马高度控制器工作可靠，并具有很高的测量精度，所以用它来测量距地高度与控制点火时间。

伽马高度控制器的工作原理如下：在返回舱底部装有伽马高度控制器的发射器和接收器，发射器中的伽马射线发射源不断地向地面发射γ（伽马）射线，从地面散射回来的γ射线作用在接收器上，接收器感受的γ射线反射流的强度与其距地面的距离有关，因此可以判断返回舱相距地面的高度，并以此控制反推发动机点火。

在正常返回的状态下，返回舱临近地面约1 米高度时，反推发动机开始点火。图13－10 为反推发动机点火工作的情形。

图13-10 反推发动机点火工作的情形

第十四章

飞船的仪表与照明

飞船的仪表与照明分系统由仪表子系统和照明子系统组成。

航天员自进入飞船开始，除了与地面指挥中心联系之外，整个飞行期间，主要信息都从仪表获得，如飞行姿态、速度、轨道，以及飞船各分系统的工作情况，每位航天员的工作计划等。

飞船装有舱内照明灯，为满足出舱活动需要，还装有舱外照明灯，有交会对接任务时，还要安装交会对接灯。

1. 仪表子系统的显示功能

当你驾驶汽车时，除了要注意路况信息外，还要时刻了解汽车的各种性能，包括汽车的速度、温度、行驶的里程、汽油的剩余量等。通过GPS导航设备，还可以知道汽车所在的位置。所有这些信息都要通过你面前的各种仪表获得。

飞船的仪表子系统与汽车的仪表功能类似。航天员自进入飞船开始，除了与地面指挥中心联系之外，整个飞行期间，主要信息都从仪表获得，如飞行姿态、轨道、舱内温度、气压、推进剂剩余量等；此外还有飞船各系统的工作情况，当前日期与时间，每位航天员的工作计划、日程安排和作息通报等。当需要航天员手控操纵飞船时，可以通过仪表板上的控制按钮或仪表显示屏上的触敏膜进行操纵（图14－1），操纵的结果也可以从仪表显示屏上看到，所以，仪表是人机对话的界面，也是航天员的耳目。仪表可按时通知各位航天员应进行的工作，例如到达可与地面测控站通信的位置时，通过仪表发出电视信号，提醒航天员与地面指挥中心通话；通知航天员该进行某项科学观测与实验，或餐饮、休息、活动与睡眠等。这样，仪表又是航天员的助手和秘书。当飞船正常或应急返回地面时，航天员要预先知道制动发动机点火的工作时刻、再入大气层的时刻和着陆的地点，航天员面前的仪表就提供这些信息。

图14－1 航天员正在操纵仪表

（1）仪表子系统的布局

在神舟号飞船上，仪表与照明分系统有30件设备，根据它们的用途，大致可以划分为4类：仪表结构件（主仪表板、左右舱壁仪表板、手持仪表板、手持操作棒）；显示类仪表（液晶多功能显示器、语音通报与报警单元、图像监视器、数码显示单元、机械式仪表）；操作类仪表（手控左面板单元、手控右面板单元、手持仪表板、左舱壁手控单元、右舱壁手控单元、座椅提升开关等）；照明类设备（返回舱照明灯、轨道舱照明灯、舱外照明灯）。

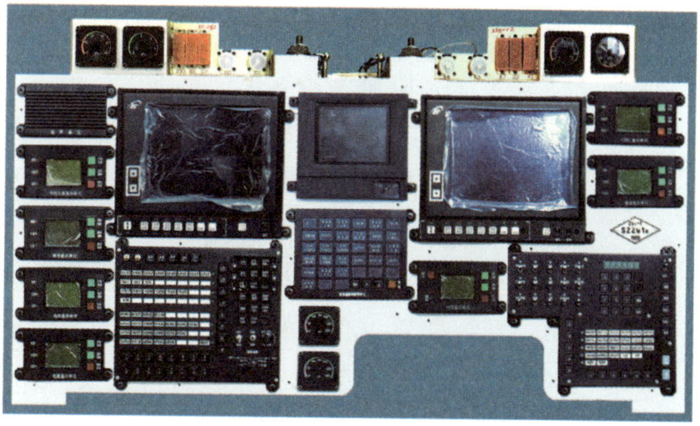

图14－2 主仪表板结构

主仪表板（图14－2）位于返回舱Ⅰ象限线，正对中间航天员的座椅，在左、右舱壁上各安装一块副仪表板，三者形成圆弧状，仪表板与航天员的相对位置如图14－3所示。另外，一个手持单元放在中间航天员座椅的左边支架上，一个手持操纵棒放在光学瞄准仪旁边。

从返回舱布局和航天员的坐姿看，轨道控制手柄和姿态控制手柄位于航天员的座椅旁边，观察地球的光学瞄准仪位于右面板手动单元的下方。这样，就形成一个近似的“T”型布局，沿纵向参考基准线可显示各种与航向、滚动有关的信息；沿横向基准线可显示各种与俯仰、速度、高度、攻角、过载 g 值以及升降速度等有关的信息。这样便于观察和相互对

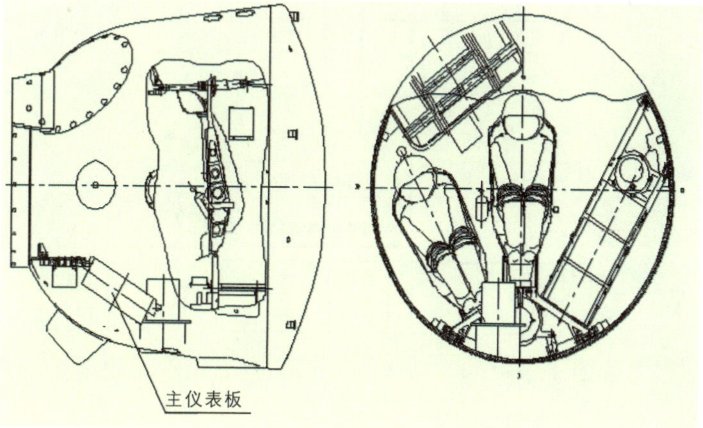

图14－3 航天员与仪表板的相对位置

照。更重要的是，仪表显示和操纵动作的方向和幅值都易于协调一致。

在多功能显示器、各分系统数码显示单元中，显示颜色按照人机工效学的要求，即正常状态以绿色字体显示，注意状态（接近越限）以黄色字体显示，告警状态以红色字体显示。在多功能显示器上，设置有调节屏幕亮度的按钮，航天员可根据需要或偏好自主调节。屏幕背景颜色采用柔和的淡灰色，以不刺激航天员的眼睛为目的。

（2）仪表的显示设计

仪表子系统的设计框图见图 14－4。为了保证仪表子系统可靠工作，仪表的显示设计采取了以下三种措施。

1）关键设备采用冗余设计

系统控制器作为仪表子系统的主机（主机为嵌入式PC104型）采用双机热备份设计。

显示仪表以两个 10.4 英寸彩色液晶显示器作为主显示仪表，6 个数码显示仪表作为备份显示仪表。机电仪表作为第三级备份仪表。

两个多功能液晶显示器互为备份，平时显示内容可以各有侧重，既可以为完成某一特定任务共同显示相同的内容，也可以相互配合，使显示内容互为补充。

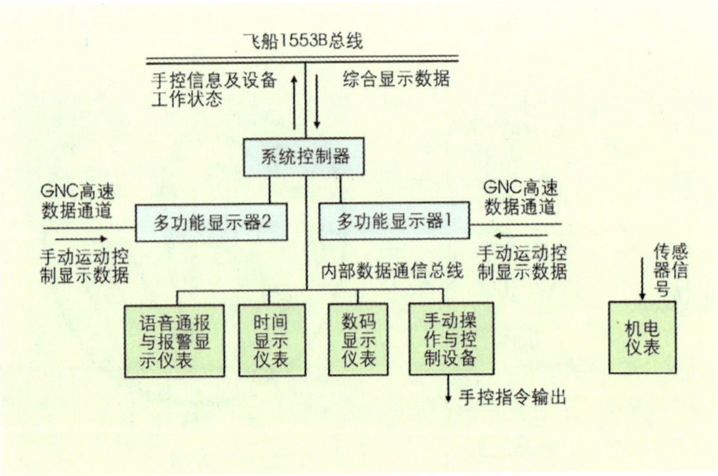

图14－4 仪表子系统的设计框图

系统控制器主机和两台多功能显示器主机以及利用一些器件构成的判决电路，组成一个“三取二”的逻辑表决电路（系统控制器的备份机不参与），监视系统控制器的运行。

2）显示手段备份

如果两个多功能显示器都出现故障，航天员可以通过6 个数码显示仪表和时间显示仪表，获取整个飞船的运行状态。这6 个数码显示仪表是：热控数码显示单元、环控生保数码显示单元、GNC 数码显示单元、乘员数码显示单元、推进数码显示单元、电源数码显示单元。

当其中一个数码显示单元发生故障时，只会看不到该显示单元的显示内容，不影响整个仪表子系统的工作。

3）机电仪表显示关键参数

机电仪表的设计思想取自飞机座舱的指针式仪表，与当今的飞机仪表设计一样，属于备份仪表。它们的输入信号来自直接采样，与总线信息无关。机电仪表显示两个应急电源的剩余安时数值、总压、O_2 分压、CO_2 分压、电源的电压与电流等参数，利于航天员选择适当时机返回地面。

（3）多功能显示器的主画面

为了使航天员养成稳定的判读习惯，每一个多功能显示器画面都遵循固定的显示格式。屏幕的最上一行显示飞行圈数、飞行阶段、工作模式、北京时间。屏幕的中间区域显示整船的遥测参数。屏幕的右下方分成两个显示框，分别显示飞船主要分系统的工作状态和两个舱门（返回舱舱门和轨道舱舱门）的密封情况。屏幕的左下方显示区是一个滚动显示框，用于显示重要事件，提示航天员应该进行的操作。

多功能显示器有两种显示策略：

1）按照飞行程序自动显示——当飞船处于不同的飞行阶段、工作模式时，多功能显示器自动切换到相应的画面，显示与飞行程序相关的参数和图形。

2）航天员手动选择画面——航天员根据自己的需要，手动切换显示画面。

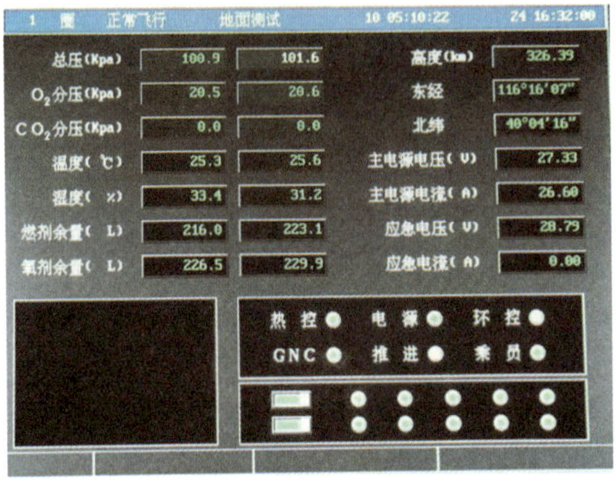

图14—5 飞船多功能显示器显示的主要遥测参数（正常飞行时）

在正常飞行时，左边的多功能显示器显示主要的遥测参数，例如关系到航天员生命安全的舱内压力、氧气浓度、二氧化碳浓度、舱内温度、湿度，推进剂剩余量，电源指标，飞船星下点位置和飞行高度（如图14－5所示）；右边的多功能显示器显示飞船的飞行轨迹（如图14－6所示），自主应急返回时的可选落区位置，或者飞船的全姿态图，飞船俯仰、滚动和偏航的角度和角速度。

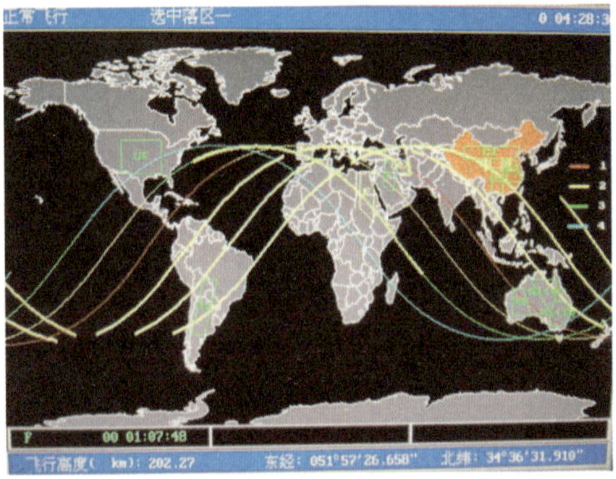

图14—6 飞船多功能显示器显示的飞船飞行轨迹

2. 仪表子系统的手控功能

在飞船飞行过程中，航天员可以根据地面指令和航天员飞行手册的规定，通过设置在仪表板上的手控设备，完成设备的正常开关机；在环控与生保分系统出现故障的情况下，航天员通过仪表系统发出指令，关闭出故障的设备，切换到备用设备。

在轨运行时，如果飞船自动姿态控制失效，航天员可以通过专用键盘和按钮，实现对飞船姿态的手动控制。

当飞船在轨出现某些严重故障，需要执行自主应急返回时，航天员可以通过仪表子系统的手控功能，在其他分系统的配合下，实现自主应急返回。

当飞船制导、导航与控制分系统出现严重故障时，飞船可以通过仪表子系统的手控功能，在其他分系统配合下实现手控半自动返回。

(1) 手控左面板单元

图14-7 手控左面板单元

在仪表板的左下方，安装了手控左面板单元（图14-7），坐在左边座位上的随船工程师和中间位置的指令长伸手可及。这个设备主要控制飞船内部工作状态、生存环境、与地面通信联络、入轨后太阳帆板展开、推进分系统自动和手动切换等手控项目。

为了防止误操作，每一项手动操作均需要两人或一个人用双手同时操作才能完成。

(2) 手控右面板单元

图14-8 手控右面板单元

在仪表板的右下方，安装了手控右面板单元（图14-8），坐在右边座位上的驾驶员和中间位置的指令长伸手可及。这个设备主要控制飞船的飞行轨道、飞行姿态、变轨机动时的操作。在遇到紧急情况时，航天员也可以操作该设备实施自主应急返回，使飞船在6个小时之内着陆在预定的应急着陆区。

(3) 手控右舱壁单元

该设备是在飞船入轨、逃逸或回收时使用的，此时，由于飞船正在做剧烈的机动飞行，受到的振动较大，所以航天员将自己束缚在座位上，坐在右边的驾驶员可以伸手操作右舱壁单元（图14-9）。所有指令均为关键指令，一旦发出，就会立即执行，不可逆转。为了防止误操作，每一项指令均加有锁（需要事先将钥匙插入上方的锁孔内），这实际上也起到了确认的作用。

“船箭分离”、“抛天线盖”和“帆板展开”等指令为预备

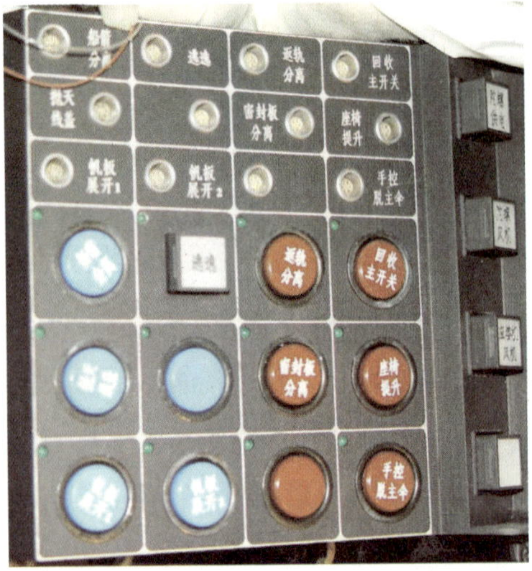

图14-9 手控右舱壁单元

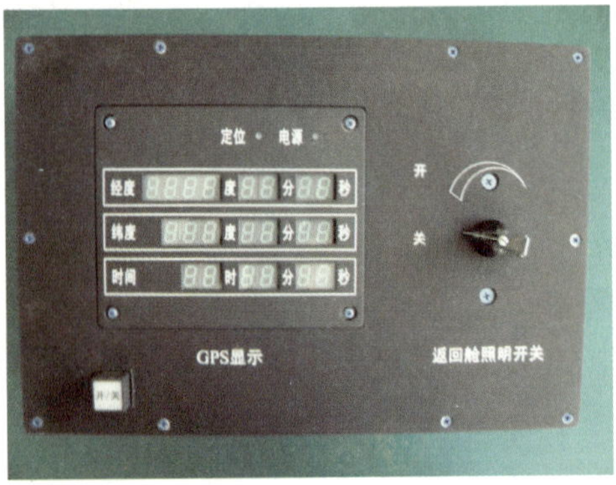

图14-10 手控左舱壁单元

指令，配合时间数码显示单元自动倒计时，当“时间到”时，时间数码显示单元会发出蜂鸣声，航天员再执行。

(4) 手控左舱壁单元

在返回舱左舱壁上，安装了手控左舱壁单元（图14-10），设置了返回舱内照明灯的开关和亮度调谐旋钮，航天员可以根据自己对舱内亮度的需求，选择满意的照度。当飞船处于阳照区时，可以关闭或调暗。

(5) 手持单元

手持单元（图14-11）供在返回段使用。从飞船进入大气层，到返回舱着陆这段时间内，飞船要经历较大的过载、冲击和振动，所以航天员要把自己束缚在座位上，此时不宜伸手操作，最好的办法就是把设备抱在怀里。不使用时该设备挂在左舱壁上。

(6) 手持操纵棒

航天员在被束缚时使用手持操纵棒（图14-12）。不使用时该设备挂在右舱壁

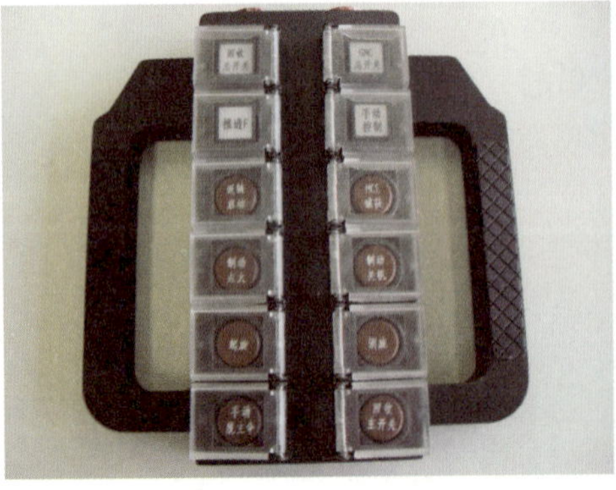

图14-11 手持单元

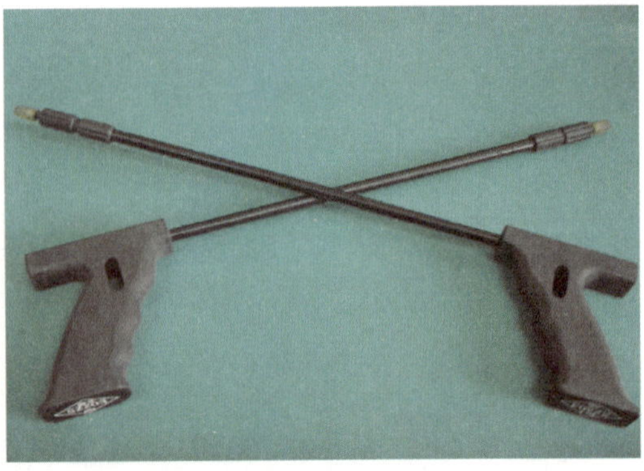

图14-12 手持操纵棒

上。使用时先拉出缩起部分至适当档位（依使用者臂长及操作距离调整）并锁定；使用完毕后，解除伸展部分的锁定，将伸展部分压回管内。

3. 仪表子系统的语音提示

神舟号飞船的语音通报和报警由主机（图14–13）和发声单元组成。在主机面板上，设置了许多导光板，上面刻有飞船的主要事件，包括参数越限信息、紧急定时事件、故障对策、操作提示、辅助类信息等。当相应事件发生时，点亮相应的导光板，并且伴随语音提示。

图14–13　语音通报和报警单元主机

4. 飞船的照明

在返回舱和轨道舱内，采用泛白光照明，旋转照明亮度调节器连续可调，最亮位置是顺时针方向转动到终端位置，电源断开位置是逆时针方向转动到终端位置。

（1）舱内照明

在返回舱和轨道舱内，各安装一个照明灯（图14–14），提供高亮度的荧光灯泛白光照明。为了避免白色照明造成颜色失真，照明灯使用透明材料制作的白色漫射的灯罩和滤光片。为了减少由照明灯的照射引起的眩光和反光，面板、天花板上的设备涂层是低光泽的，其反射系数不大于20%。公用照明灯有屏蔽，使得航天员在各自位置上时，在其正常视野范围内看不见光源，但又不会由于设备或人的遮挡，使仪表板出现阴影。航天员可到达地方的所有暴露的照明灯具表面温度不超过49℃。舱内照明灯的外形尺寸为：长240毫米、宽62毫米、厚75毫米。

图14–14　舱内照明灯

(2) 舱外照明

当航天员在地球阴影区进行舱外活动时，可开启舱外照明灯（图14-15）。其发光强度满足普通CCD相机拍摄清晰图像的照度需求。

灯具将各电子系统、发光光源、光学系统构成一个整体。光学系统主要由浸没透镜、二次光学和光学结构组成。浸没透镜主要是对光源芯片产生的光能进行一定的聚光和提取；二次光学主要完成对从浸没透镜出来的较大发散角的光能进行再次汇聚收集，提高灯具的利用率，同时进行必要的防眩光处理；光学结构主要是将发光光源、二次光学有机地组合起来，形成新的单颗发光光源。

图14-15 舱外照明灯

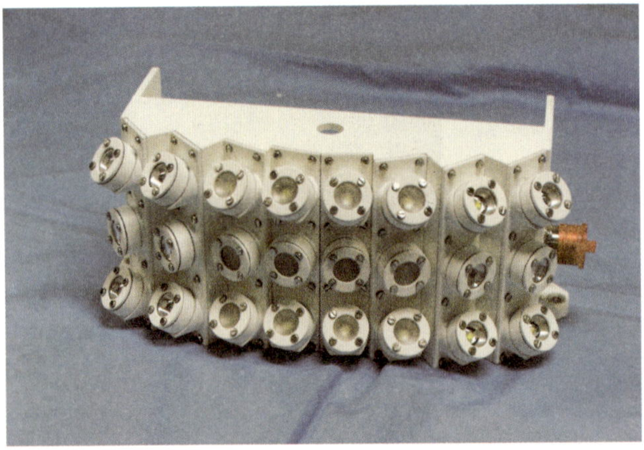

第十五章

飞船的应急救生

飞船应急救生的任务是在载人航天飞行任务的各个阶段（包括待发射段、发射段、轨道运行段、返回段和着陆后等待段）出现致命性故障时，使航天员迅速脱离危险区并及时返回地面，实施自救或营救，以保障航天员的生命安全。

1．飞船应急救生的任务和特点

飞船应急救生的任务是在载人航天飞行任务的各个阶段出现致命性故障时，使航天员迅速脱离危险区并及时返回地面，实施自救或营救，以保障航天员的生命安全。

航天员安全度是指在某次载人飞船飞行任务的全过程中保障航天员不发生伤亡事故的概率。飞船应急救生的任务指标一般是保证航天员安全度不低于0.997。

载人飞船飞行任务的全过程可以分为待发射段、发射段、轨道运行段、返回段和着陆后等待段，共5个阶段。载人飞船应急救生的特点是：在载人飞船的发射段和返回段出现致命性故障的概率较大，而且一般都是紧急故障，必须及时采取措施方能保证航天员的安全。而轨道运行段出现致命性故障的概率较小，而且一般紧急程度较低，可以采用提前返回的办法对航天员实施救生。实际上，载人飞船是根据任务情况和危险程度，结合载人飞船的特点分段解决应急救生问题的。

2．神舟号飞船为什么没有采用弹射座椅救生方案

载人飞船在待发射段的危险主要来自运载火箭的爆炸和倾倒，发射段的危险主要来自运载火箭的爆炸、推力丧失或姿态失稳。这两个阶段的危险区域大，时间紧迫，安全救生的关键是脱险。采用弹射座椅是一种解决飞船待发射段和发射段中、低空救生的可行方法。美国的双子星座飞船和苏联的东方号飞船均选用了弹射座椅作为逃逸救生手段。

弹射座椅也是航天员平时乘坐的座椅。一旦出现致命性故障，可打开舱口，启动弹射座椅，由安装在弹射座椅上的火箭弹射筒将弹射座椅及其上的乘员快速弹出舱外，并呈上升飞行状态。接着，由人椅分离器将人椅分离，然后打开降落伞，航

天员乘降落伞着陆。

采用弹射座椅的优点：一是可以借鉴战斗机的弹射座椅救生技术；二是救生手段主要涉及载人飞船系统，对运载火箭的影响较小；三是在载人飞船返回到达低空时，如遇到着陆系统发生故障，弹射座椅仍可以提供救生能力。但弹射座椅救生也有较严重的缺点：一是由于弹射座椅为敞开式结构，在逃逸过程中座椅仅对航天员身躯提供支撑，对四肢和头部提供约束，但不能防御超压的作用、气流的冲刷和气动热的伤害，航天员只能靠密闭头盔和航天服给予保护，因此，防御能力较弱，例如双子星座飞船发射段弹射座椅在实际使用时仅被限制在4.5千米以下的飞行高度，不能提供发射段的全弹道救生；二是由于座椅要弹射出舱，这就要求座舱留有通道和在舱壁上开舱门口，这将使飞船的结构复杂化，质量也相应增加。所以对于可载有超过2名航天员的飞船来说，弹射座椅方案在工程上很少采用。例如美国的阿波罗飞船、苏联的联盟号飞船和中国的神舟号飞船，均采用了逃逸飞行器救生方案。

3. 在待发射段及发射段出现致命性故障时怎样救生

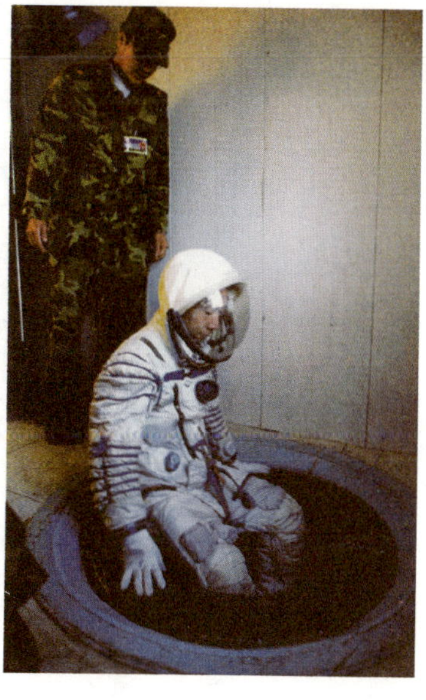

图15–1　航天员进行应急滑道紧急撤离训练

神舟号飞船在待发射段出现致命性故障时，采用应急撤离或发射台逃逸救生两种方法。

待发射段的应急撤离是指从发射前航天员进舱起至火箭起飞前为止，一旦出现致命性故障，通过对航天员的应急撤离，保障航天员的安全。应急撤离的一般程序如下：航天员先打开返回舱舱门，按预定顺序出返回舱、进轨道舱，打开轨道舱压力平衡阀，打开轨道舱舱门，然后出轨道舱门和整流罩舱门，到达逃逸滑道口（图15–1），航天员使用逃逸滑道到达地面，进入地下掩体，完成应急撤离。上述撤离程序需由发射塔架上的工作人员配合完成。

发射台逃逸救生是指发射前约30分钟起至起飞前

具备逃逸救生条件的救生，又称作零高度逃逸救生或发射台应急救生。这一阶段的救生方案与发射段大气层内有塔（逃逸塔）逃逸飞行器救生方案相同。

知识链接

长征 2 F运载火箭–神舟号飞船零高度逃逸救生飞行试验

1998年10月19日9时30分，在中国酒泉卫星发射中心进行了长征2F运载火箭–神舟号飞船的零高度逃逸救生飞行试验。试验模拟了真实的飞行程序，返回舱着陆点准确，试验取得了圆满成功（图15–2和图15–3）。从图15–3可见，返回舱的实际落点既在当日6时37分预报的着陆点散布区内，也在当日8时30分预报的着陆点散布区内。

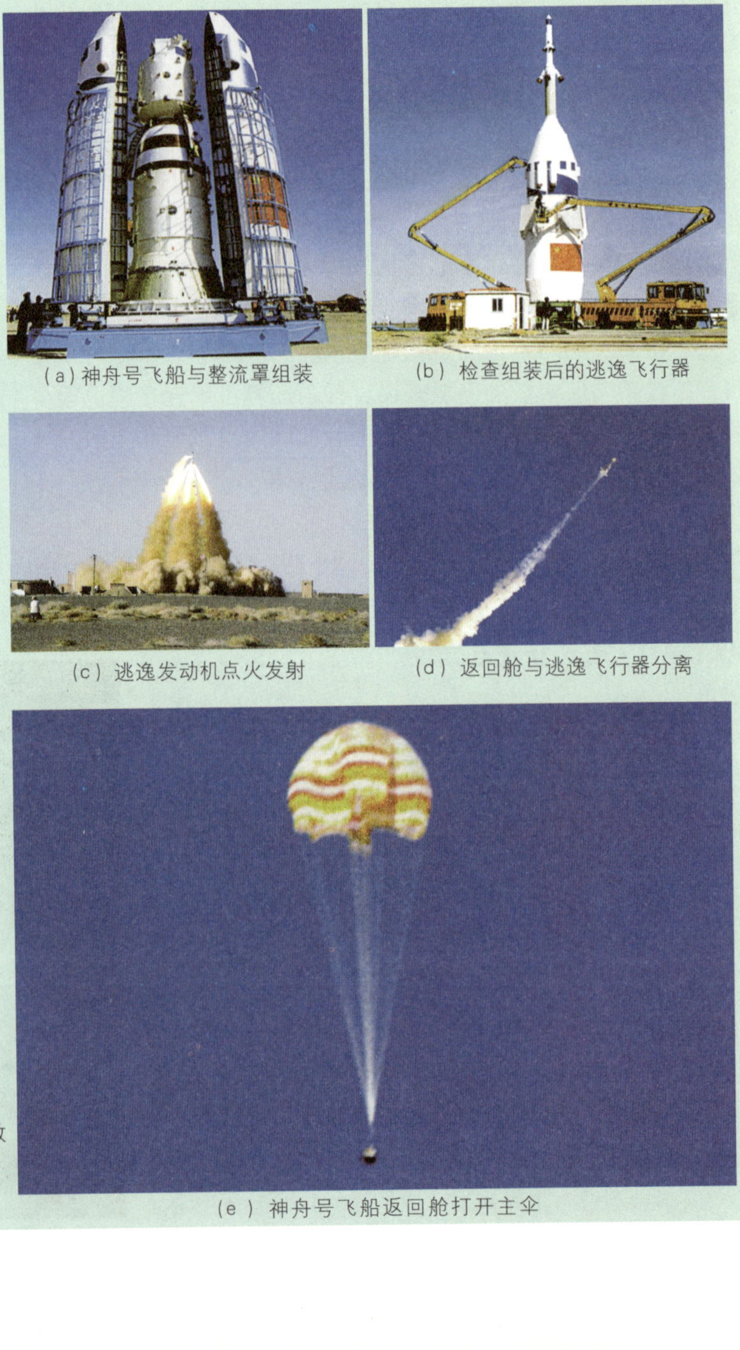
(a) 神舟号飞船与整流罩组装
(b) 检查组装后的逃逸飞行器
(c) 逃逸发动机点火发射
(d) 返回舱与逃逸飞行器分离
(e) 神舟号飞船返回舱打开主伞

图15–2 零高度逃逸救生飞行试验实况

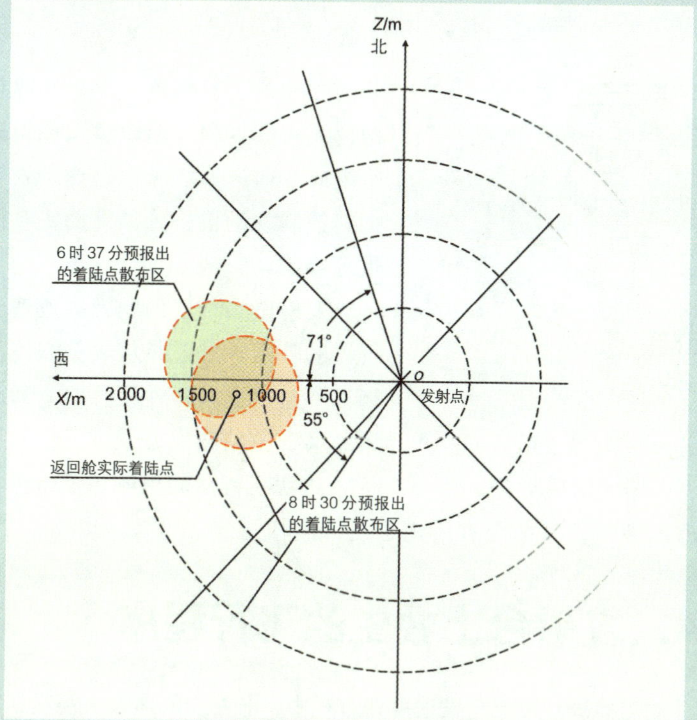

图 15－3 零高度逃逸救生飞行试验的返回舱预报着陆点散布区与实际着陆点

神舟号飞船在发射段采用 3 种救生方式：大气层内有塔逃逸飞行器救生方式、大气层内无塔逃逸飞行器救生方式及大气层外整船救生方式。

发射段大气层内有塔逃逸飞行器救生方式是指从火箭起飞到起飞后 120 秒抛掉逃逸塔为止，一旦出现应急情况采用的飞船救生方式。有塔逃逸飞行器的组成见图 15－4。

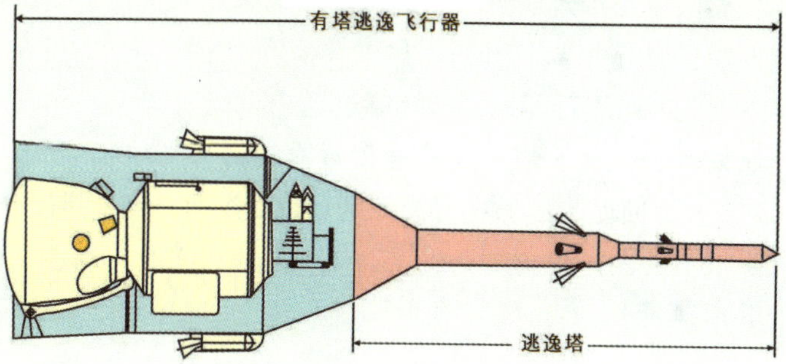

图 15－4 有塔逃逸飞行器的组成

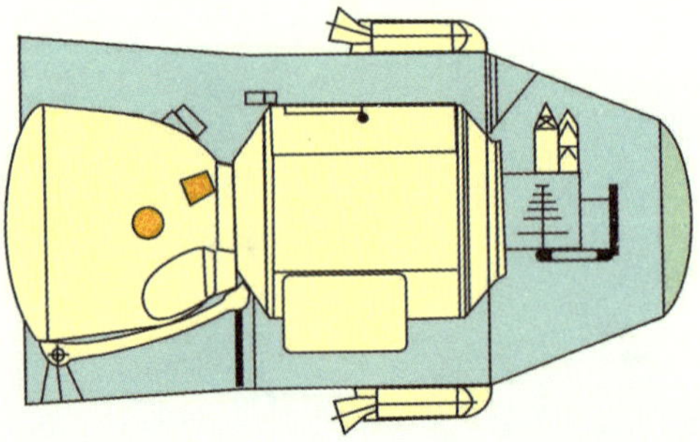

图15－5 无塔逃逸飞行器的组成

有塔逃逸飞行器由逃逸塔、上部整流罩、高空逃逸发动机、高空分离发动机、栅格翼、上下支撑机构、灭火装置和飞船轨道舱和返回舱组成。而逃逸塔又由逃逸主发动机、控制发动机、分离发动机、配重等组成。

发射段大气层内的无塔逃逸飞行器的救生方式是指从火箭起飞后120秒抛掉逃逸塔时起至200秒时抛掉整流罩之前，一旦出现紧急情况下的救生方式。无塔逃逸飞行器的组成见图15－5。无塔逃逸飞行器的组成除了不包含逃逸塔外，其余与有塔逃逸飞行器相同。

4. 发射台上救生的飞行程序

在神舟号飞船的发射准备过程中，长征2F运载火箭竖立在发射台上。从航天员进入到运载火箭上面的神舟号飞船起，至运载火箭起飞前，一旦运载火箭发生致命性故障，而航天员又来不及紧急撤离时，则在具备逃逸的条件下采用发射台逃逸救生方式实施救生，其救生主要飞行程序如下（图15－6）：

1）逃逸飞行器与故障运载火箭分离（包括发出中止飞行信号，火箭主发动机应急关机、接通逃逸飞行器灭火系统、实现返回舱与逃逸飞行器的刚性连接、推进舱上分离密封板分离、返回舱与推进舱解锁、逃逸主发动机点火、上下整流罩对接面解锁、栅格翼打开）。

2）逃逸飞行器逃逸（包括逃逸主发动机继续工作，一台控制发动机点火，以控制逃逸飞行器转弯）。

3）返回舱与逃逸飞行器分离（包括返回舱与轨道舱分离，逃逸塔上的四台分离发动机点火，以提高返回舱与逃逸飞行器的分离速度）。

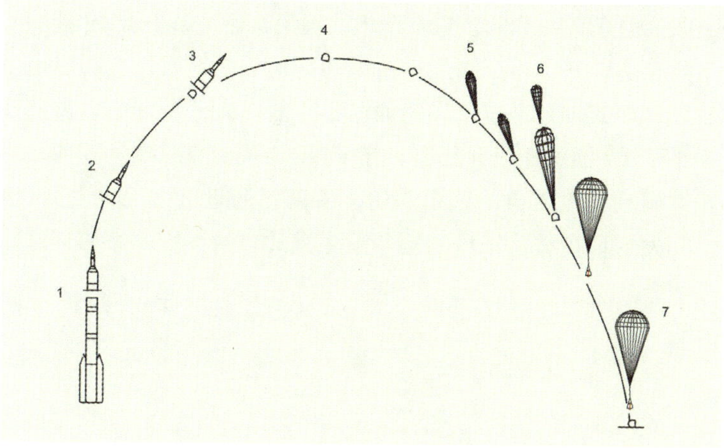

图15－6 发射台救生的飞行程序

4）返回舱自主飞行到弹道顶点。返回舱进入下降段时抛伞舱盖，伞舱盖抛离时拉出引导伞和辅助引导伞。

5）引导伞和辅助引导伞分离时拉出减速伞，减速伞工作。

6）减速伞分离过程中拉出主伞。主伞工作，抛防热大底，主伞由单点吊挂改为两点垂直吊挂，主伞全张开。

7）距地面约1米高度时，伽马高度控制器给出信号，点燃反推发动机，返回舱着陆。

5. 发射段抛整流罩后救生的飞行程序

神舟号飞船发射段正常的飞行程序是在起飞后200秒时抛掉整流罩，这时飞船已暴露在外层空间中，此后一直到船箭分离、飞船入轨之前，一旦运载火箭出现致命性故障（如发动机推力消失等），则采用发射段抛整流罩后的救生飞行程序（又称作发射段大气层外救生飞行程序）对航天员实施救生。

发射段大气层外救生的工作模式分为4种，即模式Ⅴ～模式Ⅷ（模式Ⅰ～模式Ⅳ是发射段大气层内救生的工作模式）。模式Ⅴ除采用增大船箭分离速度的措施外，不采用其他变轨手段，使飞船当圈在国内陆地上着陆；模式Ⅵ是采用变轨手段使飞船当圈在国内陆上或海上指定的总长度为2 200千米的三个区域之一着陆；模式Ⅶ是采用使飞船加速的措施，使飞船进入一条近地点高度不小于160千米、理论轨道寿命小于29圈的非正常轨道，并于第二圈经返回制动，使飞船返回，在四川地区着陆；模式Ⅷ是通过使飞船加速，飞船进入一条理论轨道寿命不小于29圈的非设计轨道，并于第14圈或其后制动返回，飞船着陆在内蒙古自治区东部的主着陆场附近。

发射段抛整流罩后的应急救生模式Ⅵ的飞行程序如下（图15−7）：

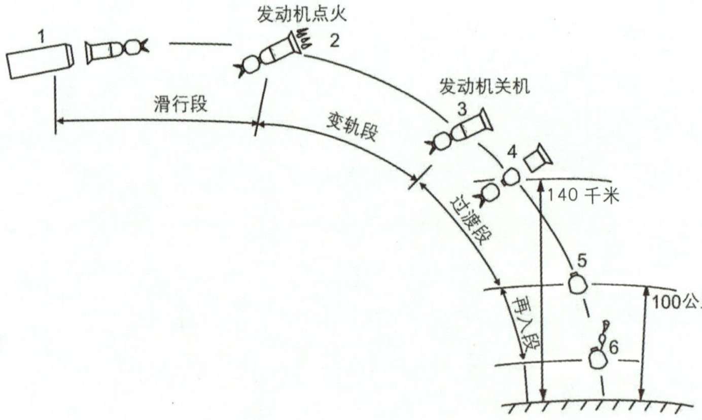

图15−7 发射段大气层外应急救生模式Ⅵ的飞行程序

1）运载火箭关机，飞船与运载火箭分离，飞船变轨发动机工作10秒，增大船箭分离速度。

2）飞船调整到所需变轨姿态，变轨发动机点火。

3）飞船的变轨发动机关机。

4）在飞船下降到约140千米高度时，飞船轨道舱与返回舱分离，推进舱与返回舱分离。

5）调整返回舱姿态，使返回舱下降到100千米高度时的姿态符合设计要求，当过载达到$0.04g$后返回舱采用全升力开环控制方式再入大气层。

6）在距地面约10千米高度，返回舱抛伞舱盖，此后返回舱以与正常回收着陆段相同的飞行程序（参见第十三章第4节）着陆。

由于救生模式Ⅵ采用了变轨技术，从而使得返回舱海上应急着陆区总长由6 000千米降低至2 200千米，这就简化了海上搜救工作，为降低搜救成本创造了条件。

6. 太阳能电池帆板未展开怎么办

神舟号飞船入轨后，太阳能电池帆板如果发生故障而未能展开，飞船的电力将严重不足。设计人员对这种故障模式和对策进行了研究，并提出了相应的处理方法。例如：对神舟4号飞船太阳能电池主帆板（即推进舱上安装的帆板）及轨道舱上安装的太阳能电池帆板展开的各种状况（共16种状况）进行了细致的研究，给出了太阳能电池帆板展开故障及主帆板对日定向故障处理方法，可以根据故障状态确定是否需要降低飞船负载，以及确定是否需要飞船提前返回，详见表15－1。

表15－1　神舟4号飞船太阳能电池帆板展开与主帆板对日定向故障的处理方法

项目 \ 序号		1	2	3	4	5	6	7	8	9	10	11	12	13	14	15	16
帆板状态	主帆板展开数目	0	0	0	1	1	1	1	2	2	2	2	2	2	2	2	2
	主帆板能对日定向的数目	0	0	0	0	1	1	1	0	0	0	1	1	1	2	2	2
	轨道舱帆板展开数目	0	1	2	0	0	1	2	0	1	2	0	1	2	0	1	2
应急方案	提前返回的时刻	第二圈	第二圈	第十四圈（第一天）	第十四圈（第一天）	第十四圈（第一天）	第十四圈（第一天）	第二至四天	第七天或第二至四天	第七天或第二至四天	第二至四天	第二至四天	第二至四天	第二至四天	第七天	第七天	第七天
	降低负载或不降低	不降低	不降低	降低	降低	不降低	不降低	降低	降低	降低	降低	降低	降低	降低	不降低	不降低	不降低
	需要整船对日定向或不需要	不需要	不需要	不需要	需要	不需要	不需要	不需要	需要	需要	需要	不需要	不需要	不需要	不需要	不需要	不需要

7．神舟号飞船什么情况下用弹道式再入返回

当神舟号飞船出现下列紧急情况之一时，采用弹道式再入返回地面：

1）在抛逃逸塔之后至抛整流罩之前的发射段，运载火箭出现致命性故障，导致当圈返回；

2）在轨道运行段，飞船出现应急情况，导致航天员启动自主应急返回程序；

3）在轨道运行段，发现飞船的加速度计至少有两个出现故障，导致不能采用半弹道式再入控制情况；

4）当在轨道运行段终点事件（轨道舱与返回舱分离）之前，飞船出现应急故障，导致必须采用航天员手控半自动返回模式返回。

神舟号飞船弹道式再入段飞行程序是：返回舱与推进舱分离，返回舱调至配平攻角状态，返回舱绕控制轴 OX_2（与纵轴成夹角为20°的轴）起旋（起旋角速度为12.5°／秒），下降至20千米高度时返回舱消旋。

采用弹道式再入的优点是再入方式比较简单，便于在许多紧急状态下使用；缺点是再入过载较大（可能达到7～18g），返回舱着陆点散布范围大。

8．神舟号飞船能提前或推迟返回吗

从飞船入轨起至入轨后约20分钟，一旦发现飞船出现致命性故障（如太阳能电池帆板均未展开）或飞船入轨轨道高度过低，则可以实施第2圈应急返回，返回舱着陆在四川地区。

从飞船入轨起至神舟号飞船运行段返回准备程序注入前约一天，一旦出现紧急故障，如太阳能电池帆板未按预定情况展开、损失部分电源时，视具体情况可能提前1天、2天、3天或

4 天返回，在主着陆场附近着陆（当飞船计划正常飞行 5 天时）。

从飞船入轨起至返回制动 20 秒之前，当飞船出现严重故障，又不能在预定的返回时刻前排除该故障时，或飞船制动发动机工作 20 秒前出现故障，则可以采取推迟 1 天或 2 天返回的办法，在主着陆场附近着陆。

9. 神舟号飞船怎样实现在轨自主应急返回

神舟号飞船在轨道上运行，一旦出现某些致命性故障（如电源分系统发生故障导致电源只能再维持 6 小时工作，或返回舱出现失压）时，则可以按照与故障模式相对应的自主应急返回程序，在 6 小时内实现自主应急返回。飞船返回舱将以弹道式再入返回，选择预先设计的国内外 9 个运行段应急着陆区中的一个进行着陆。神舟 5 号到神舟 7 号需根据实测轨道推算未来自主应急返回参数，并将其注入飞船，以便自主应急返回时使用。神舟 5 号到神舟 7 号的自主应急返回参数均注入正常、正确。当然，由于神舟 5 号到神舟 7 号实际未出现应急情况，所以在轨自主应急返回是“备而未用”。

10. 神舟号飞船在什么情况下需实施航天员手控半自动返回

从飞船入轨后到飞船第一次返回调姿前，一旦出现下列情况之一，可以采用航天员手控半自动返回：

1）飞船的数管分系统失效，导致数管分系统的指令不能发出；

2）飞船的制导、导航与控制分系统（GNC 分系统）的主控制器和辅助控制器同时失效；

3）飞船姿态控制用陀螺或地球红外敏感器出现严重故障，

> **知识链接**
>
> **联盟 TM5 号飞船推迟 1 天返回**
>
> 1988 年 9 月 6 日 2 时 55 分，苏联的联盟 TM5 号飞船在返回过程中，制动发动机点火后由于红外水平传感器出现故障，导致制动发动机提前熄火，推迟了 1 天返回，航天员安全着陆。

导致不能自动实施姿态控制。

航天员手控半自动返回是在地面飞行控制的支持下，由航天员启动手控半自动返回程序后实施的，返回舱着陆在主着陆场附近。

神舟号飞船上天之前，航天员、飞船和地面（简称人船地）对航天员手控半自动返回的飞行程序会进行多次综合演练和测试，为应急状况下实施救生作好充分和可靠的准备。

第十六章

飞船地面测试与故障模拟

飞船的研制，一般要经过可行性研究，方案论证，方案设计，模样、初样、正样研制和飞行试验等阶段。

通过不同阶段的测试，发现缺陷，改进设计，保证载人航天飞行任务圆满完成，保证航天员的绝对安全。

1. 飞船测试的目的及意义

飞船的研制，一般要经过可行性研究，方案论证，方案设计，模样、初样、正样研制和飞行试验等阶段。在模样研制到正样发射的各个阶段以及各种环境（总装过程环境、力学环境、真空热试验环境、发射场技术区、飞船与运载火箭对接后等）下，都需要进行全面、系统的测试，检验飞船各分系统的主要性能和功能是否满足设计要求，各系统的电气接口是否正确，协调各类软件运行的正确性、可靠性和安全性，暴露飞船设计和生产工艺问题，发现电子元器件早期失效及软件的缺陷，确保飞船的产品质量；与此同时，检验飞船与运载火箭、发射场系统、地面测控通信系统之间的协调性和匹配性。通过这些不同阶段的测试，发现缺陷，改进设计，保证载人航天飞行任务圆满完成，保证航天员的绝对安全。

2. 飞船在哪些阶段要进行地面测试

在飞船的研制过程中，方案阶段要进行桌面联试，初样阶段进行电性测试、发射场合练，正样状态进行工厂测试、环境试验测试以及发射场测试。

（1）方案阶段的桌面联试

所谓桌面联试是指将飞船各分系统的仪器和设备摆放在桌面上，以电缆连接成系统进行的模拟电测试。

桌面联试的任务是：检测各分系统设备的功能和性能指标是否符合设计要求；检查分系统间电气接口的正确性、匹配性和协调性；检查信息传输、频率配置、电平分配的正确性、合理性和兼容性，以及抗干扰措施的有效性；验证分系统硬件设备和软件工作的正确性、协调性；检验测试方案、测试技术流程的合理性、测试细则的正确性；暴露设计缺陷和工艺缺陷，为修改设计提供依据。

（2）初样阶段的飞船测试

1）飞船电性测试：电性飞船一般是由单机初样产品在桌面联试之后，经过适应性改进总装成的飞船，初样阶段的电性测试是在电性飞船上进行的。电性测试是初样阶段的综合性测试，除了进一步完成桌面联试规定的测试内容外，还要完成下列测试任务：检验各舱段的仪器布局、电缆铺设与走向以及接地等设计的合理性；检查各个分系统对飞船电磁环境的兼容性，进行飞船电磁兼容性试验，测量电磁环境数据。

2）参加发射场合练：发射场合练是电性飞船在总装厂做完初样阶段各种电性测试和环境试验之后，将它运至发射场与运载火箭及发射场进行的合练。发射场合练应完成下列任务：检验发射场执行任务过程中飞船测试及发射保障条件的完善性和合理性；检验发射场技术区工作程序的合理性和协调性；检验飞船电性能测试程序的合理性；检验飞船、运载火箭、发射场三系统间的电性能接口匹配性以及电磁兼容性；检验在发射区测试、发射程序的协调性和合理性。

（3）正样状态的总装测试

经过初样阶段电性测试和发射场合练，会进一步发现飞船某些不合理设计、工艺缺陷、电子元器件早期失效，并在此基础上进行修改设计，投产正样状态的产品，包括硬件和软件。对这些正样状态产品不仅要进行电性能和功能测试，还要在各种空间环境试验条件下进行全面的电性检查。

1）工厂测试：检验测试文件所规定的各分系统设备的功能和性能指标是否符合设计要求；检查分系统间电气接口的正确性和匹配性；检查飞船上信息传输、频率匹配、电平分配的正确性、合理性和兼容性，以及抗干扰措施的有效性。

2）环境试验测试：检查飞船设备对各种力学和热环境的适应能力，并在试验过程中监测电性能的变化情况。

3）发射场测试：通过工厂总装测试和环境试验测试之后，飞船运往发射场做发射准备工作。在发射场需要对飞船进行最

图16-1 神舟号飞船与运载火箭对接

后阶段的测试，以确保发射前飞船的可靠性、安全性。

发射场的技术区测试：飞船一般是分舱段运输至发射场的。运输到发射场之后，在飞船技术区仅进行少量的总装、测试和加注工作。飞船技术区测试的任务是对再总装后的飞船进行少量的各分系统功能及主要性能参数及接口检查，通过测试确认飞船功能、性能及状态已具备发射状态的设计要求和转场的条件。在发射场飞船技术区测试完成后，扣上了整流罩的飞船被运输至火箭技术区并与运载火箭对接（图16-1），然后装上逃逸塔，整个船、箭、塔组合体被垂直运往发射区。

发射区测试：在发射区，完成飞船各分系统功能及部分性能的检查、火工装置阻值测量以及蓄电池组的充电；完成载人航天器在发射塔上的调温监测；检查飞船与运载火箭对接后工作状态的正确性；参加运载火箭总检查；检查航天员进舱程序，确保航天员进出飞船的条件及通信状态的正确性与飞船的安全性；按故障对策完成射前可能出现的飞船故障的分析和处理，监测判断飞船的工作状态，完成发射前的状态设置。

3. 飞船测试分为哪几个级别

飞船测试可分为设备级、分系统级、舱段级、系统级和系统间接口测试五个测试级。

（1）设备级测试

设备级测试是指以某一具有独立功能的部件为对象的测试，如火工装置检查、电缆网导通绝缘检查、接收机或发射机的单独测试等。

（2）分系统级测试

飞船由结构与机构、热控制、GNC（制导、导航与控制）、电源、测控与通信、数管、推进、环控与生保、仪表照明、应急救生、回收与着陆、有效载荷以及乘员支持等分系统组成。

以上述某一分系统为对象的测试即为分系统测试。在系统级（整船）下进行分系统的测试，除进行性能和功能、分系统内各部件间的匹配性、协调性测试外，应重点检查各分系统间接口电路的匹配性、信号传送的协调性以及指令系统配合的正确性。

（3）舱段级测试

分别对轨道舱、返回舱及返回舱－推进舱组合体进行测试。舱段测试要在相应的分系统测试完成、工作正常的条件下进行，主要检查飞行程序及其功能的正确性。

（4）系统级测试

系统级（如整船）测试在分系统测试合格和舱段测试之后进行。它实际是飞船的总检查，各分系统同时工作，按载人航天器在各个飞行阶段的飞行模拟程序进行全面测试。

（5）系统间接口测试

系统间接口测试包括飞船与运载火箭的船－箭联合试验、飞船与航天员系统之间的人－船联合试验、飞船与测控通信系统的天地链路之间的船－地联合试验、人－船－地之间的大回路试验。

4. 神舟号飞船地面综合测试系统的组成

为了完成飞船的测试任务，需要配备一套技术先进、功能完善、数据处理能力强、响应速度快、自动化程度高的地面测试系统。地面测试系统由总控设备（Overall Checkout

Equipment，缩写为OCOE)、各分系统的专用测试设备（Specific Checkout Equipment，缩写为SCOE)、前置专用测试设备和光端设备组成。

神舟号飞船的地面测试系统如图16－2所示。

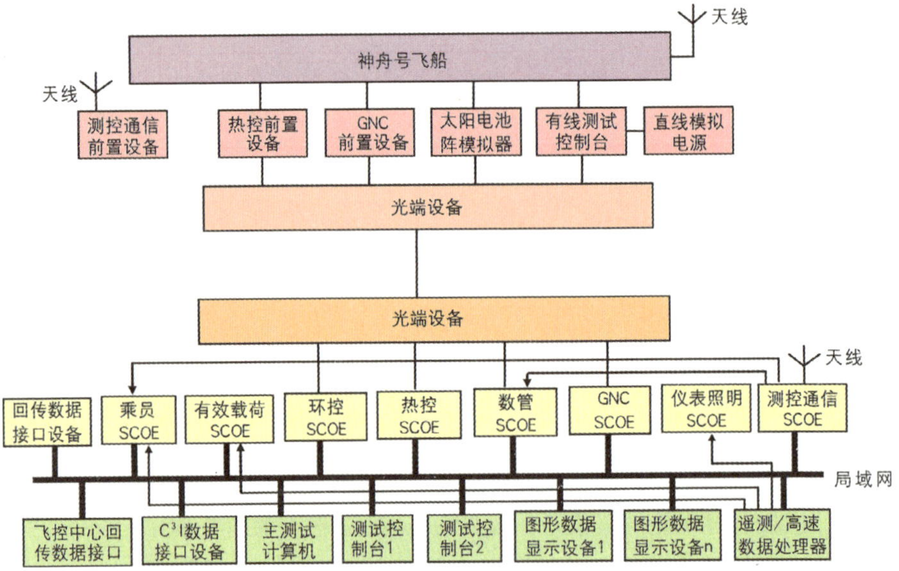

图16－2 神舟号飞船地面测试系统方框图

(1) 总控设备（OCOE）

总控设备是测试过程管理和数据管理中心，与被测飞船连成系统，完成各阶段的测试任务。总控设备一方面接收飞船下行工程遥测参数和数传的高速数据流，完成这些数据的处理、分发、归档和上行数据的预处理工作，另一方面完成飞船测试全过程的控制与监视。

总控设备包括：主测试计算机、测试控制台、图形数据显示设备、遥测／高速数据处理器、飞控中心回传数据接口和C³I (Command，Control，Communication and Intelligence)数据接口设备组成。

(2) 各分系统的专用测试设备（SCOE）

地面测试系统除总控设备外，部分分系统根据自身特点和需要设置专用测试设备（SCOE），它和总控设备通过本地局域网相联，组成分级分布式测试系统。总控设备通过网络接口向各分系统专用测试设备发送相关的遥测数据和下达测控命令，执行状态和测试结果通过网络回到总控设备的主测试计算机，然后把测试状态和过程显示在屏幕上。专用测试设备负责本分系统的性能检测、参数采集、状态监视、模拟信号产生和执行控制等任务。

（3）前置专用测试设备

有的分系统（如GNC）还需要配置前置专用测试设备，利用相应的测试参数构成闭环回路进行动态测试。

前置专用测试设备包括有线测试控制台、太阳电池阵模拟器、直流模拟电源、测控通信前置设备、GNC 前置设备以及热控前置设备等，它们接受总控设备的控制和管理，完成地面供电，提供信号源和激励源，以进行有线闭环测试。

（4）光端设备

通过光端设备将位于测试厂房的数据传输到飞船的停放厂房，同时将飞船停放厂房的数据传输到测试厂房。

5. 神舟号飞船地面综合测试系统的特点

飞船地面综合测试系统包括硬件和软件，属于第三代的产品，具有下列特点：

1）通用性强。可以适应不同的场地，灵活地对神舟号飞船进行测试，也适应在不同研制阶段无人和载人两种不同状态的测试。

2）具有区域间传递测试信息的功能。在测试系统中设置了两个重要的数据接口设备，可以接收来自发射控制中心和飞控中心的数据，达到远程测试的目的。同时在不同场地的测试设备之间也可以互相交流数据。

3）测试覆盖面广。通过编制测试软件，测试内容既覆盖不同研制阶段各个分系统在整船状态下可测试的电气功能和性能，又覆盖为神舟号飞船所设计的全部指令和模拟飞行程序，覆盖系统和分系统在整船状态下可测试的冗余功能和故障模拟，覆盖发射场全部的测试项目。

4）自动化程度高。通过编程提高测试过程自动化程度，以减少人工测试操作，避免人为错误。可以做到测试记录准确无误；下行数据处理、显示记录准确无误；数据判读比对准确无误。

5）实时判断功能强。所有遥测数据都有超限报警功能。遥测遥控数据在总控设备上自动存盘记录，并与各分系统的测试设备共享，可根据需要实时或事后将数据处理成曲线的形式，显示在屏幕上或输出到打印机。

6）综合测试设备运行可靠性高。

6. 飞船故障模拟系统的组成

故障模拟是飞船地面测试的一项重要内容，是确保航天员安全的有效手段。飞船一旦出现故障，地面必须作出快速诊断、故障模拟、故障定位，并迅速提出对策和排除故障，以确保航天员能安全返回地面。地面故障模拟系统的任务就是针对在轨飞行的飞船技术状态进行动态分析，辅助进行故障诊断和制订故障对策；模拟在轨飞船电性能技术状态，进行系统级对策模拟试验，对重要指令及注入数据在执行前做验证性试验。

技术分析系统和综合测试系统是故障模拟系统的主要组成部分，它们与GNC、数管和测控通信等分系统的故障仿真设备联网，构成了飞船故障模拟系统。

技术分析系统的主要设备包括数据处理系统设备、通信接口设备、飞船电性能模拟器、故障诊断系统设备、显示终端等。

综合测试系统的主要设备包括主测试服务器、操作台及图形显示设备、有线综合台、测控通信测试设备、GNC 测试设备、数管测试设备、电源测试设备、热控测试设备、航天员医监设备等。

7. 地面故障模拟的原理和方法

飞船故障模拟系统是一个涉及自动化测试技术、系统仿真技术、故障诊断技术、计算机软硬件技术、网络通信技术等的复杂系统。飞船故障模拟原理框图如图16—3所示。

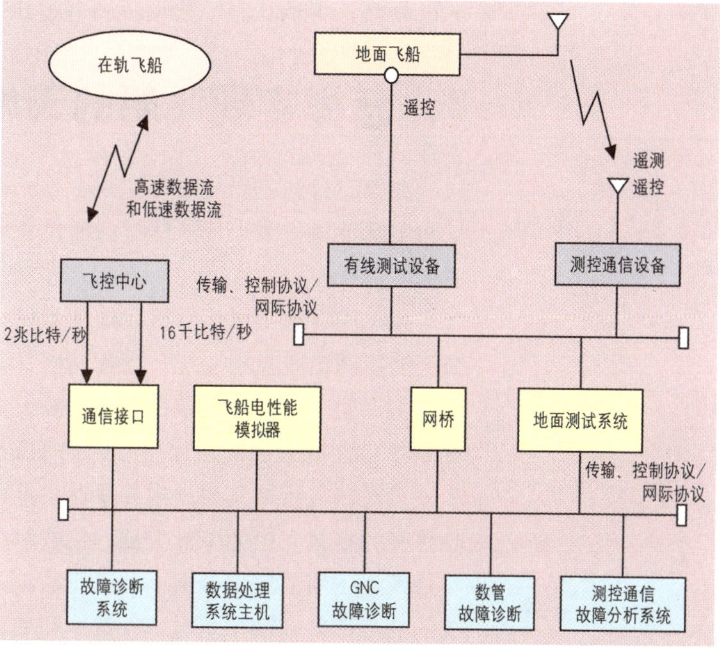

图16—3 飞船故障模拟原理框图

当飞控中心接收到在轨飞船下传的异常数据，并初步判断为故障现象，立即将故障数据经过通信网络传输至技术支持中心的故障模拟系统，技术支持中心相关领域的专家对异常数据进行分析并提出故障模拟方案，在故障模拟系统进行故障仿真，确定故障的性质和部位，提出排除故障的方法和对策，经飞船电性模拟船进行验证之后，将排除故障的对策反馈给飞控中心，对在轨飞船实施故障排除措施，以消除飞船上出现的故障。

要完成上述任务，地面故障模拟系统须具备系统模拟和故障辅助诊断等手段。

系统模拟具有物理仿真、半物理仿真和数学仿真等方法。物理仿真具有真实性，但缺乏灵活性，很难进行故障状态下的模拟。数学仿真具有灵活性，但其系统模型的真实性需逐步完善，系统模型的数据采集、获取也需要实物模型支持。理想的模拟系统应是半物理仿真，将实物模拟和数学模拟相结合。

故障辅助诊断手段可以辅助专家进行故障分析，将专家从繁杂的数据分析中解脱出来，从而专注于计算机目前还不能解决的工作。故障辅助诊断以形象化的方式表达系统状态、故障现象及现场状态，给出清晰的逻辑关系和分析过程解释，分析下行数据、评估状态、检测故障并提出对策建议。

8. 怎样实现飞船的天地测控管理

在轨飞行的飞船与飞行控制中心、地面测控站、海上测控站和中继卫星构成天地一体化的测控管理系统，其原理框图如图16-4所示。

当飞船在轨正常运行时，地球测控站及数据中继卫星载人航天测控网由飞控中心统一指挥调度，完成飞行任务的测控计划并将飞船飞行的下传数据传送给航天员科研训练中心、模拟试验中心、有效载荷应用中心，用于显示和观察。

当在轨飞行的飞船出现异常时，地面模拟系统接收飞控中心传来的在轨飞船的下行数据；接收综合测试系统传来的地面实物模拟飞船的模拟数据，与飞行数据进行比较；地面模拟系统的故障诊断辅助系统对下行数据和地面电性的模拟数据进行比较，实时检测在轨飞船的技术状态和飞行工作情况，对出现的异常状态进行系统级诊断和故障模拟。通过地面故障模拟，确定排除故障的方法，经试验验证，然后通过飞控中心对在轨飞船进行故障隔离和系统重构。

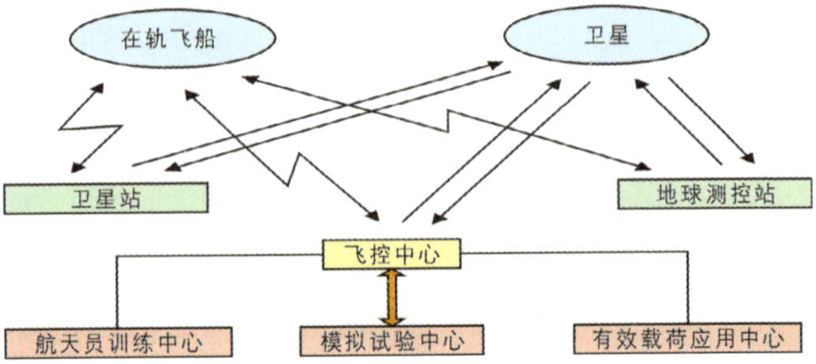

图16-4 飞船天地测控管理框图

9．飞船故障诊断的基本方法

故障诊断系统是飞船故障模拟系统的重要组成部分，该系统通过接收在轨飞船的遥测数据，并与地面信息库存储的飞船的数据进行比较，详细诊断是否出现异常。若发现故障，则需对故障定位，提出对策。然后在飞船模拟器和电性飞船上进行故障仿真和对策验证，最后确定纠正在轨飞船故障的措施，提供飞行控制中心实施。

故障诊断的基本方法主要有两种，一为基于专家系统和神经网络的混合法，二为基于模型为主的混合式诊断推理模式。

基于专家系统和神经网络相结合的故障诊断方法，将逻辑推理与数值运算相结合，利用神经网络的学习和联想记忆功能与分布式信息处理功能，解决诊断系统的不确定性诊断知识的表示与并行推理。其诊断原理为把专家系统提供的规则转化为神经网络的学习样本，神经网络通过自身的学习与推理功能来完成专家系统的知识获取及诊断过程。

基于模型为主的混合式诊断推理模式将基于模型诊断和基于规则诊断有机地结合起来，是当前故障诊断的主流。基于模型的诊断推理模式利用事先建立好的诊断对象的模型进行仿真，通过仿真值与实测值的比较，达到判别故障的目的。基于规则的诊断推理模式采用可靠性工程的故障树分析，建立从顶事件到底事件的诊断模型，它包含了系统的所有故障模式，保证知识获取的完整性，诊断结果较为准确。

无论采用哪一种诊断方法，故障诊断系统都必须设立静态和动态背景数据库，以适应飞船系统参数的动态变化，通过对案例的诊断，利用先验知识，提高故障诊断的可靠性及效率。

10．地面故障诊断系统的工作过程

地面故障诊断系统是在故障模拟系统的技术分析设备支持下进行运作的，它的工作过程如下（图16－5）：

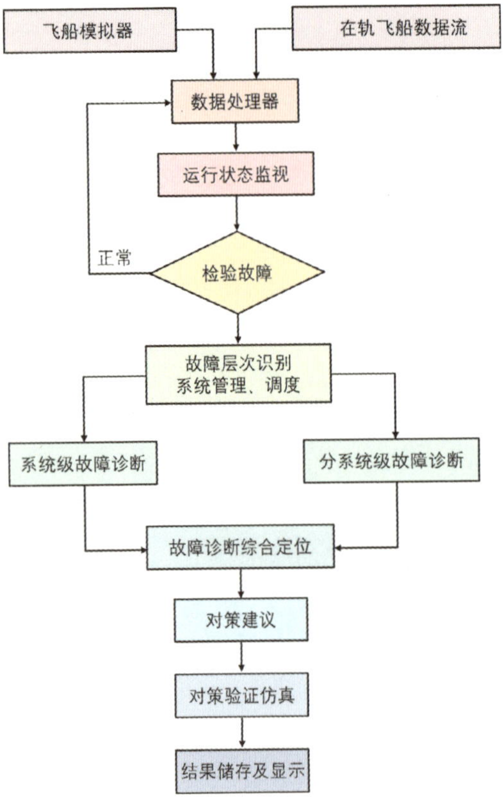

图16-5 地面故障诊断系统的工作过程框图

1）数据处理。将来自飞船的动态数据进行分类管理，利用统计分析剔除明显不合理的数据，对当前接收到的遥测数据与前一次的数据进行比较，对异常数据进行预处理。

2）状态监视。利用背景数据库、历史数据库、超限数据库对在轨遥测数据进行超限分析，并对超限状态进行分级，对各级故障采用不同的诊断优先级和相应的报警方式。

3）系统级和分系统级故障诊断。系统级故障诊断专家系统和分系统级故障诊断专家系统是地面故障诊断系统的核心部分，系统级故障诊断专家系统主要诊断系统级故障，并对分系统级故障进行管理、调度，包括任务分配、协调、通信协议和综合等，最后对故障诊断结果进行综合，并给出故障定位结论。分系统故障诊断专家系统诊断分系统故障，在系统级故障专家系统的管理调度下，对分系统的故障进行诊断、定位，并对故障结果进行验证。

4）对策建议。通过故障诊断确定故障原因和故障定位，提出故障对策建议，在飞船模拟器上复现故障。为了使地面故障诊断系统具有快速性和准确性，在飞船研制过程中，必须对飞船系统的故障模式进行预想和分析，并将其规范化，制定故障纠正措施，建立故障对策数据库。若库里没有相应的对策，则借助于专家智慧进行咨询决策，提出排除故障的建议。

5）对策验证。故障对策的方案是否合理可行，需要进行验证，它包含两方面的内容：一方面是故障复现验证，另一方面是故障对策实施合理性验证。若仿真结果证明对策正确，则可以提出在轨飞船故障纠正的实施方案，由飞行控制中心执行。

第十七章

飞船的可靠性与航天员的安全性

可靠性是指飞船在规定的时间内，在规定的条件下，完成规定功能的能力。安全性就是要保证航天员的安全，不重伤、不死亡。

1. 可靠性与安全性

一台电视机如果图像清晰，声音逼真，使用时间长，显像管不爆炸，那么这台电视机就安全可靠。飞船的可靠性是指其在规定的时间内（从发射到着陆），在规定的条件下（发射时的振动冲击，太空飞行时的高真空、微重力和强辐射，返回时舱体与大气摩擦产生高温等），完成规定功能（在太空飞行时应该完成的任务）的能力。飞船上的各种仪器设备在工作时不能出故障，要可靠地工作。安全性就是要保证航天员的安全，不重伤、不死亡。即在航天活动的各个阶段，保障航天员的工作能力，避免其健康状况恶化或死亡。飞船上安装的各种仪器设备在工作时不能产生危险事件（如飞船舱内起火、产生有害气体等），要安全地工作。

可靠性和安全性是什么关系呢？在某些情况下，可靠性与安全性是一致的，不可靠也就是不安全。但在某些情况下，可靠性与安全性又是矛盾的。有些设计安全性高了，可靠性却下降了。例如在设计电路时采用保险丝，其目的是电路中出现超负荷电流时熔断保险丝，使电路处于安全状态，但从可靠性角度来看，由于电路中增加了保险丝，就增加了发生故障的可能性，电路的可靠性却下降了。有些设计可靠性高了，安全性却下降了。例如飞机的安全出口门，为了密封性好，关闭得很紧且没有自动打开的功能，以保证机舱内的气体不泄漏，但遇到紧急情况，要疏散旅客时，安全出口门很不容易打开，这就影响了安全。

2. 怎样度量可靠性与安全性

度量可靠性的指标叫做可靠度。可靠度是指在规定时间内、规定条件下完成规定功能的概率。举一个放双响炮的例子：你过年时放了100个双响炮，“嗵－啪”，很热闹，可是其中有一个双响炮没有炸响。我们来计算一下这批双响炮的可靠度是多少。设可靠度为R，放了双响炮的数目为n，成功数目为s，失败的数目为f，则可靠度R由下式计算：

$$s=n-f=100-1=99 \tag{17-1}$$

$$R=\frac{s}{n}=\frac{100-1}{100}=\frac{99}{100}=0.99 \tag{17-2}$$

所以，这批双响炮的可靠度是0.99。

要求飞船的可靠度是0.97。即发射100艘飞船只允许3艘飞船不可靠，或者说发射一艘飞船成功的概率为97%。

度量安全性的指标叫做安全度。安全度是指在规定时间内，在规定条件下保障人员安全的概率。再举一个放双响炮的例子来说明安全度：据统计，某市过年时放了10 000个双响炮（用手拿着放），由于双响炮本身的原因炸了手的只有1人。设安全度为S，危险度为w，放双响炮的总数为n，伤人的次数为f，则安全度S由下式计算：

$$w=\frac{f}{n}=\frac{1}{10\ 000}=0.000\ 1 \tag{17-3}$$

$$S=1-w=1-0.000\ 1=0.999\ 9 \tag{17-4}$$

式(17–4)不出危险时安全度为1（即100%安全），减去了危险度后余下的则是安全度。

要求飞船的安全度是0.997，这意味着发射1 000艘飞船，只允许有3艘出现影响航天员安全的事件。或者说，一艘飞船在执行任务全过程中，航天员的安全概率为99.7%，这已是很高的安全度标准了。

3. 影响可靠性的故障模式及预防措施

我们从最简单的照明灯电路图（图17–1）入手，来寻找影响可靠性的故障模式，填写故障模式和影响分析表（表17–1），表中各栏都是设计人员在设计电路时预想到的照明电路可能发生的故障。

图17–1 照明灯电路图

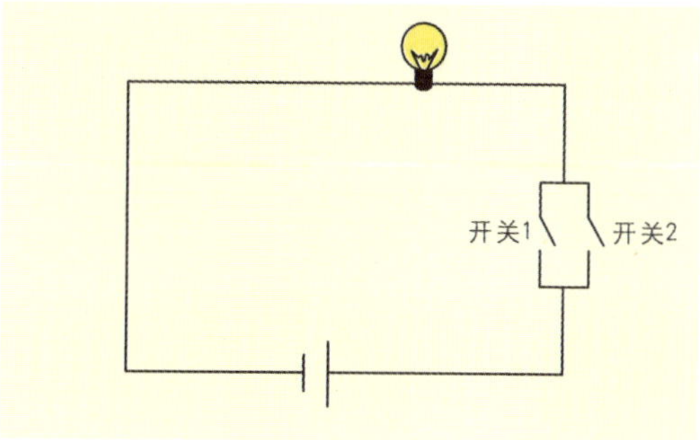

表 17–1 故障模式和影响分析表

序号	名称	故障模式	故障原因	故障影响		严重性等级*	故障检测方法	设计措施
				本身	上及			
1	电源（充电电池）	没有电	1）超过寿命期 2）电池漏液 3）没有充电	不能工作	不能照明	Ⅰ	用电表测量电源电压，无显示	选用高质量长寿命的电池
2	开关	合闸不通电	1）接触不良 2）锈蚀	不能工作	不能照明	Ⅰ	用电表测量电流，无显示	选用并联双闸开关
3	导线	不导电	导线断开	不能工作	不能照明	Ⅰ	用电表测量电流，无显示	选用多股导线
4	灯泡	不亮	1）灯丝断 2）灯泡玻璃破 3）灯泡底座接触不良	不能工作	不能照明	Ⅰ	用电表测量电阻，无显示	选用高质量灯泡

* 严重性等级分为：
Ⅰ—灾难的，系统毁坏；
Ⅱ—严重的，系统严重损坏；
Ⅲ—轻度的，系统轻度损坏；
Ⅳ—轻微的，系统轻微损坏，不影响任务完成。

从表 17－1 可以看出，照明灯电路共有 4 种故障模式，严重性等级都为Ⅰ等，在设计上都采取了相应的措施，防止 4 种故障模式的发生。所以，该照明灯电路是可靠的。

飞船系统比照明灯电路复杂得多，也是用这种方法，从下至上对逐个元器件、零部件、设备、接口关系进行分析填表，将设计措施落实到图纸和文件中。神舟号飞船大约有 500 多个设备级以上故障模式（不含元器件、零部件故障模式），都要一一地将设计措施落实到图纸和文件中，最后还要通过试验来验证措施的有效性。

以上这种分析方法叫做故障模式和影响分析（Failure Mode and Effects Analysis，简称FMEA）方法。

4. 影响安全性的危险源及预防措施

影响飞船安全性的危险源可以从飞行环境和影响飞行安全的故障中寻找。飞行环境对飞船的影响是一般危险源，如高温、低温、振动、冲击、真空、辐照、毒气、有害气体等 30 多项。影响飞行安全的故障叫做故障危险源，如火工锁Ⅰ（用于轨道舱与返回舱的连接与分离）、火工锁Ⅱ（用于推进舱与返回舱的连接与分离），神舟号飞船大约有故障危险源 80 多项。

设计人员对一般危险源和故障危险源形成的危险事件约40多项都进行了分析，并采取了有效措施，防止危险发生。表17-2是部分危险事件分析表。

表17-2 部分危险事件分析表

序号	危险事件	设计措施	验证情况
1	运载火箭故障	1）上升段故障时采取救生模式Ⅰ～Ⅷ救生 2）箭船分离故障时，在飞船仪表板上设有“箭船分离手动按扭”，航天员可以按此按扭	1）飞船综合电测时进行故障模式程序测试 2）飞船与火箭对接测试 3）上升段救生模式进行了仿真验证
2	轨道舱分离失败	1)火工机构锁Ⅰ解锁功能冗余，双点火头冗余 2)火工分离推杆双点火头，药盒殉爆 3)两套非电传爆装置，使用钝感起爆器 4)火工品电源独立供电	结构与机构分系统进行了多次可靠性试验，试验表明其可靠性高
3	推进舱分离失败	火工机构锁Ⅱ解锁功能冗余（双机构、双起爆器）	结构与机构分系统进行了多次可靠性试验，试验表明其可靠性高

5. 元器件是飞船的细胞

飞船上约有700多件电子设备，92 000多只元器件，它像细胞一样分布在各个舱段的不同部位。将这么多电子元器件的质量管理好，对于保证飞船的可靠性是一项十分重要的工作。

首先是集中统一管理。对元器件实行“五统一”管理，即实行统一选用、统一采购、统一监制和验收、统一筛选和复验以及统一失效分析。

第二是元器件选用管理。设计人员应按规定的《型号元器件选用目录》选用元器件，当不得不采用《型号元器件选用目录》以外的元器件时，必须经过论证和审批。

第三是统一采购和发放。由物资部门统一采购元器件和发放。

第四是监制和验收管理。订货合同中规定需要监制和验收的元器件，由物资部门统一派人下厂监制和验收。

第五是筛选和复验管理。对采购来的元器件统一由规定的单位进行筛选和复验，就是将采购来的元器件进行优选，剔除不合格或失效的元器件，将筛选合格的元器件再进行性能复验，满足要求后方可用于飞船电子设备的研制、生产。

第六是降额设计。设计人员对电路设计中的元器件进行降额使用，就像一个人能挑50千克，只要他挑30千克，这样就可靠多了。

第七是失效分析。像人生了病，医生要通过仪器查出病因，以便针对病因用药一样，对在使用中出了故障的元器件（即失效的元器件），要送到规定的单位进行失效分析，找出失效的原因，以便采取相应的改进措施。

6. 什么叫故障树

飞船出了故障，必须通过分析的方法来寻找故障部位，以便采取措施。而建立和运用故障树方法是寻找故障部位的重要方法。例如，图17－1照明灯系统的故障树如图17－2所示。从图17－2可见，对照明灯不亮（顶事件，用长方形符号表示）进

图17－2 故障树图

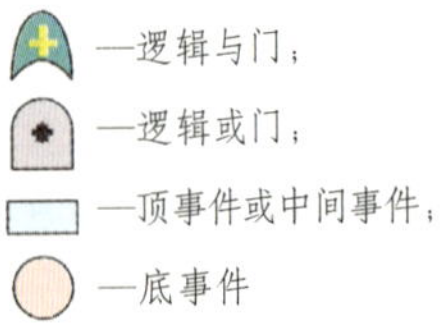

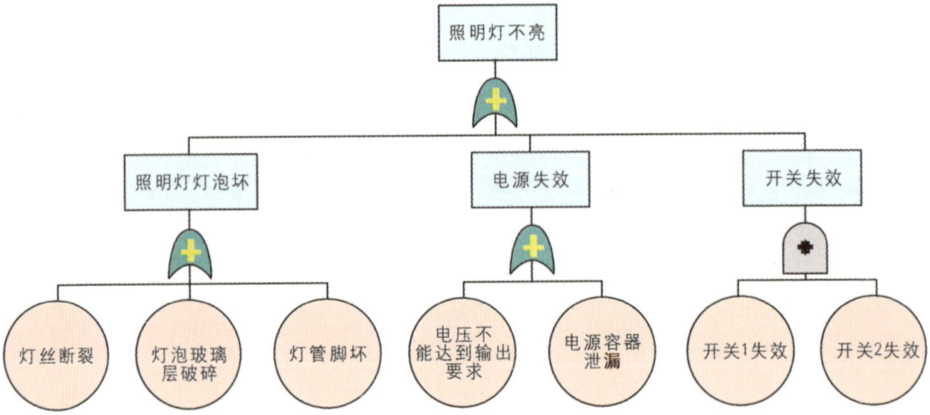

行故障分析：照明灯灯泡坏、电源失效和开关失效，只要其中一个发生，就会引起照明灯不亮，这种关系叫逻辑与门。再对照明灯灯泡坏（中间事件）进行故障分析：灯丝断裂（底事件）、灯泡玻璃层破碎（底事件）和灯管脚坏（底事件），其中一个发生，就会引起照明灯灯泡坏（逻辑与门）。对电源失效（中间事件）进行故障分析：电压不能达到输出要求（底事件）、电源容器泄漏（底事件），其中一个发生，就会引起电源失效（逻辑与门）。对开关失效（中间事件）进行故障分析：开关1失效（底事件）和开关2失效（底事件）同时发生才会引起开关失效，这种关系叫逻辑或门。这种分析方法叫故障树分析(Fault Tree Analysis，简称FTA）方法。照明灯的底事件只有7个。而神舟号飞船的底事件有好几万个。为此，需要按层次分解成多个故障树。

7. 怎样保证飞船大脑（计算机及其软件）的可靠性与安全性

神舟号飞船计算机共有70多个。好像人的大脑一样控制全身的动作。飞船上的70多台计算机分布在各个地方，它们按程序发出各种指令，控制飞船的各种动作，要绝对保证计算机工作可靠、安全。如何保证计算机的可靠性和安全性？首先，把计算机的软件分为A、B、C三级。A级是影响航天员安全的关键软件，B级是影响飞船部分功能的重要软件，C级是局部影响飞船功能的一般软件。飞船的计算机软件都需要进行可靠性和安全性设计，各级软件都要进行代码走查，找出原程序中的错误，予以改正。为了保证质量，A、B级软件的原程序还须由第三方（有资格的软件测试单位）进行评测，以便进一步找出原程序中可能存在的错误，加以改正后再进行测试，确认安全、可靠后给出可以上天使用的评测结论。C级软件只影响局部功能，只进行代码走查，找出原程序中可能存在的错误，予以改正。

8. 航天员的安全性是用技术措施保证的

1961 年 4 月 12 日，苏联航天员尤里 · 加加林乘东方号飞船完成了人类的首次太空飞行，开创了载人航天的新纪元。截至 2008 年底，世界上已完成 200 多次单人或多人载人航天活动，有 500 多名航天员参与飞行任务。然而，载人航天事业的发展也付出了极其沉重的代价，先后有 23 名航天员牺牲了宝贵的生命（其中有 18 名航天员在执行任务中牺牲）。这些惨痛的经验教训，对于更安全、可靠的载人航天器的研制是非常宝贵的。可以说，航天员的安全性是用技术措施保证的。

1961 年 3 月 23 日，在尤里 · 加加林驾驶东方 1 号飞船前 3 周，25 岁的大尉瓦伦京 · 邦达连科在充满纯氧的舱室内进行为期 10 天的、紧张的系列训练。休息时，邦达连科用一块沾了酒精的棉花擦完身上固定过传感器的部位后，随手将它扔到了一块电极板上，结果舱内燃起大火，他被严重烧伤，10 小时后死亡。事故发生后，载人航天活动吸取教训，采取了如下主要改进措施：

1）制定严格的训练程序；

2）舱内设有废物收集袋。

1967 年 1 月 27 日，美国阿波罗 4A（又称阿波罗 1 号）飞船在卡纳维拉尔角 34 号发射台上做地面模拟发射试验，飞船指挥舱内有 3 名航天员（格斯 · 格里索姆，罗格 · 查菲和埃德 · 怀特），舱内充满 111 千帕的纯氧。航天员进舱，舱门封好后不久，飞船舱体内外层之间因电路短路而起火，由于纯氧环境及舱内使用了可燃材料，火焰在舱内迅速蔓延，致命的一氧化碳和黑烟充满了整个座舱，结果把一氧化碳泵入航天服的循环系统，这个过程大约持续了 35 秒，航天员在这个条件下只要 20 秒就会丧失意识。又由于舱门打开机构复杂，约需 60 秒才能打开舱门，结果 3 名航天员窒息而死。事故发生后，采取了如下主要改进措施：

1）座舱内所有电线接头都涂以防火涂层；

2）航天服改用阻燃材料制造；

3）地面试验和发射倒计时过程中，指挥舱大气改用压力为101千帕的40%的氮和60%的氧，航天员通过航天服系统呼吸纯氧，起飞后指挥舱大气变为1/3大气压的纯氧；

4）改进舱门设计，使它能快速打开；

5）灭火器能遥控操作。

1967年4月23日，苏联发射联盟1号飞船，在第18圈由航天员手动控制飞船返回，然后返回舱以弹道式方式再入大气层。当主份伞在7千米高度开伞时，主份伞中的主伞没有被减速伞拉出来，备份伞中的主伞也没有充气，飞船以约每小时90千米的速度坠毁，落地时的冲击力使返回舱被摔开，制动发动机爆炸，引起火灾。航天员弗拉基米尔·科马洛夫上校遇难身亡，他是世界上首次死于航天飞行的航天员。通过对降落伞故障的进一步调查和地面验证试验发现，主份伞的主伞出伞受阻是由于减速伞开伞后，伞舱内外的压差使伞舱变形过大，从而使主伞拉不出来。事后通过风洞和降落伞试验表明：在主份伞的减速伞仍然保留的情况下，备份伞不能完全张开。事故发生后，采取了如下主要改进措施：

1）将伞舱形状由椭圆柱形改为椭圆截锥形，内部抛光以确保伞的弹出，同时加强伞舱刚度，减小其变形量，并扩大其内部容积；

2）设计了脱伞装置，在主份伞的主伞拉不出来时，能将主份伞中的减速伞脱掉，以使备份伞打开后不会与主份伞中的减速伞缠绕。

1971年6月6日，苏联发射联盟11号飞船，完成同礼炮1号空间站对接任务后，于6月29日返回地球。当返回舱与轨道舱分离时，12个火工品意外地同时起爆（按程序应依次起爆），爆破的作用力导致返回舱压力平衡阀在168千米高度时提前打开（该阀应在返回舱下降至高度为5千米时打开，使舱内大气和外界大气压力保持平衡），舱内空气在30秒内全部放掉，泄漏还导致飞船在飞向地球的时候姿态发生轻微改变，引起推力器自动点火，补偿计划之外的旋转。3名航天员（多布罗沃斯基、沃尔科夫和帕萨耶夫）由于没有穿舱内航天服，在60秒内全部因突然失压死亡。事故发生后，采取了如下主要改进措施：

1）增加了氧、氮气瓶作为应急使用；

2）航天员在高风险飞行阶段（含发射、对接、脱离和返回阶段）必须穿上舱内航天服；

3）增加化学电池，作为太阳电池的补充或备份。